POPs
知多少之二噁英

生态环境部对外合作与交流中心　主编

中国环境出版集团・北京

图书在版编目（CIP）数据

POPs知多少之二噁英/生态环境部对外合作与交流中心主编.
——北京：中国环境出版集团，2019.4
ISBN 978-7-5111-3954-2

Ⅰ.①P… Ⅱ.①生… Ⅲ.①二噁英—有机污染物—普及读物 Ⅳ.
①X5-49

中国版本图书馆CIP数据核字(2019)第072122号

出 版 人 武德凯
责任编辑 曹玮
责任校对 任丽
装帧设计 卢谦

出版发行 中国环境出版集团
（100062 北京市东城区广渠门内大街16号）
网 址：http://www.cesp.com.cn
电子邮箱：bjgl@cesp.com.cn
联系电话：010-67112765（编辑管理部）
发行热线：010-67125803，010-67113405（传真）
印 刷 北京中科印刷有限公司
经 销 各地新华书店
版 次 2019年4月第1版
印 次 2019年4月第1次印刷
开 本 880×1230 1/32
印 张 4.375
字 数 120 千字
定 价 25.00 元

编委会

前言

随着大众环境意识的提升，持久性有机污染物（POPs）作为一种新型污染物逐渐走入大家的视野，它具有持久性、生物蓄积性、长距离迁移性和高生物毒性等特点。作为 POPs 之一的二噁英，近年来发生了数次邻避效应运动，越来越受到公众的关注。然而由于公众获取环保知识渠道有限，且部分不科学观点的传播，容易导致公众的片面认知甚至误解，引起不必要的社会矛盾。为使公众更加科学全面地了解二噁英，多年从事相关领域的工作人员对二噁英相关知识进行了科学梳理，对历年来的研究成果进行了总结，特此出版本科普书。

全书共五章，以通俗易懂的语言，配合趣味化、生活化的插图，对二噁英的基本知识、健康风险、国际 / 国内管控行动、降解技术措施、保护环境日常行动等进行了生动形象的阐述。

本书第一章由孙阳昭、陈源编写；第二章由陈源、柳思帆编写；第三章由苏畅、孙阳昭编写；第四章由田亚静、秦明昱编写；第五章由苏畅、李运航编写。全书由陈源、苏畅统稿、校核，由陈亮、肖学智、李金惠定稿。

在本书出版和编写过程中，生态环境部土壤环境管理司钟斌副司长、生态环境部对外合作与交流中心肖学智副主任给予了大力支持，清华大学环境学院李金惠教授、黄俊教授、中科院生态中心郑明辉研究员提供了指导和宝贵意见，在此表示感谢。

同时，本书的编写和出版得到了联合国环境规划署巴塞尔公约亚太区域中心 / 斯德哥尔摩公约亚太地区能力建设与技术转让中心的支持和帮助，在此一并致谢。

由于时间及水平有限，书中疏漏之处在所难免，敬请同行和广大读者予以指正。

编委会

2018 年 11 月

一 基本知识 知多少

二 健康风险 知多少

三 管控行动 知多少

四 技术措施 知多少

五 保护环境日常行动 知多少

一

基本知识知多少

1 POPs是对人体和环境具有危害的有机污染物

POPs是persistent organic pollutants的缩写，中文名称为“持久性有机污染物”，是一类具有持久性、生物蓄积性、长距离迁移性和高生物毒性，可通过各类环境介质（大气、水、土壤、生物等）长距离迁移对人类健康和生态环境造成严重危害的天然的或人工合成的及其他人类活动过程中无意产生的有机污染物。POPs具有以下特点：

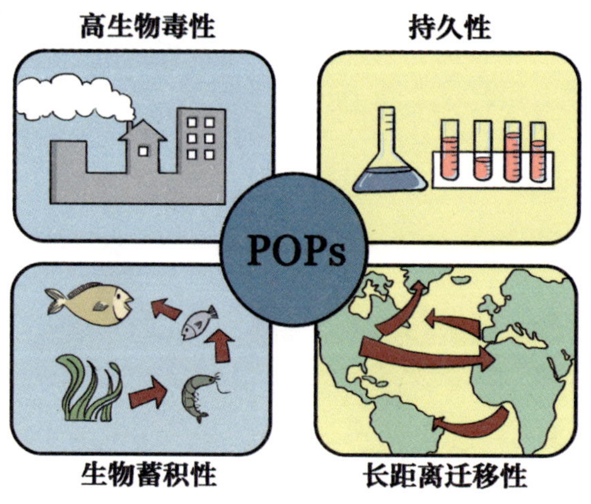

POPs在海洋食物链的生物放大作用

（1）能够在环境中持久地存在。POPs 物质通常对生物降解、光解、化学分解作用有较强的抵抗能力，一旦被排放到环境中，它们难以被分解。

（2）能够蓄积在食物链中，对有较高营养等级的生物造成影响。由于具有低水溶性、高脂溶性的特点，导致 POPs 会从周围媒介中富集到生物体内，并通过食物链的生物放大作用进行蓄积。

（3）能够经过长距离迁移到达偏远的极地区域。POPs 所具有的半挥发性使得它们能够以蒸汽形式存在或者吸附在大气颗粒上，便于在大气环境中做远距离的迁移，同时这一适度挥发性又使得它们不会永久停留在大气中，能够重新沉降到地表上。

（4）在达到一定的浓度时，会对接触该物质的生物造成有害或有毒影响。

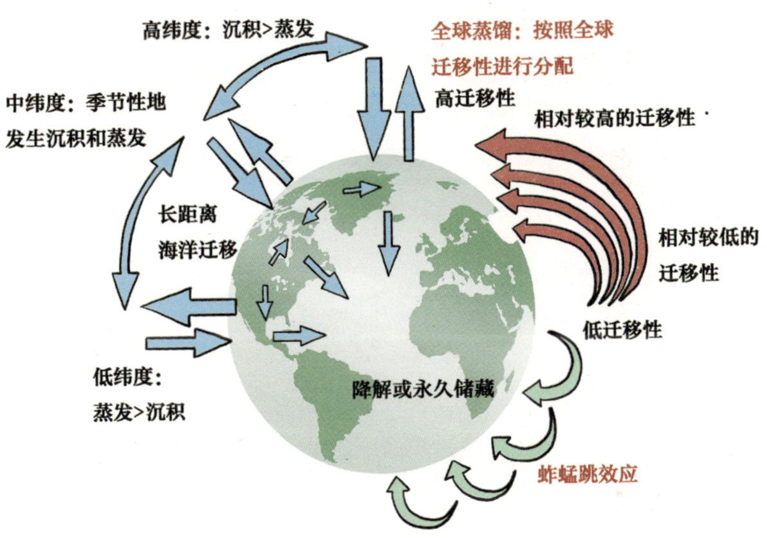

POPs的全球迁徙过程

2 二噁英类化合物是个大家族

二噁英类化合物包括二噁英和二噁英类似物。二噁英类化合物（PCDD/Fs）共有210种同系物，包括75种多氯二苯并对二噁英（Polychlorinated dibenzodioxins，PCDDs）和135种多氯二苯并呋喃（Polychlorinated dibenzofurans，PCDFs）。

PCDDs是二苯并－对－二噁英的衍生物，是一类由两个O原子连接两个被Cl原子取代的苯环组成的化合物；PCDFs是二苯并呋喃的衍生物，是一类由一个O原子连接两个被Cl原子取代的苯环组成的化合物。PCDDs和PCDFs的每个苯环上，都可以有1~4个数目不等的Cl原子取代，由于氯原子的取代数目和取代位置有所不同，所以二噁英类似物的结构繁多。

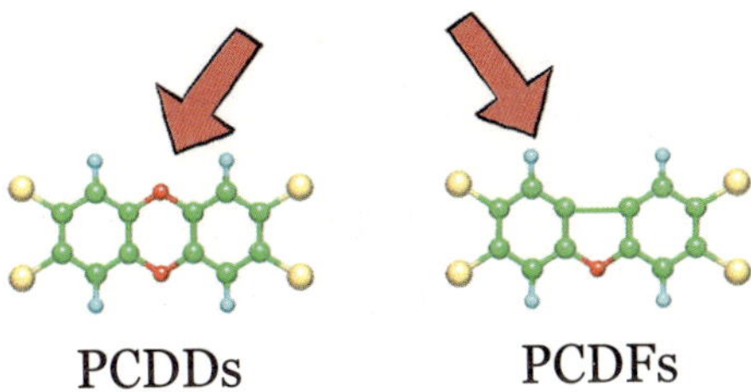

二噁英类似物是具有二噁英活性的更广泛的卤代芳烃化合物的统称，之所以叫类似物是因为它们具有共同的毒性机制，在化学上具有共平面结构，都能够与Ah受体（Aryl Hydrocarbon Receptor，芳香烃受体）结合启动细胞内信号传导通路，发挥毒性作用。二噁英类似物包括具有共平面结构的类二噁英多氯联苯（dl-PCBs），部分氯代化合物如多氯联苯、多氯联苯醚（PCDEs）和多氯萘（PCNs）等。此外，多溴代二苯并－对－二噁英（PBDDs）、多溴代二苯并呋喃（PBDFs）、部分多溴联苯（PBBs）及其他混合卤代化合物（如氯与溴的混合取代物）也包括在内。考虑到二噁英和二噁英类似物的复杂性，本书主要介绍与二噁英相关的知识和内容。

3 二噁英化学性质稳定

二噁英常温下是针状结晶，无色无味，几乎不溶于水，可溶于大多数的有机溶剂，具有较高的辛醇－水分配系数。低温下化学性质稳定，具有较高的熔沸点，熔点的分布范围为 100~350℃，沸点的分布范围为 300 ~ 550℃，其熔沸点随着氯取代数目的增加呈现不断增长的趋势，大体上具有相同氯取代数目的PCDDs 熔沸点要高于 PCDFs。由于二噁英

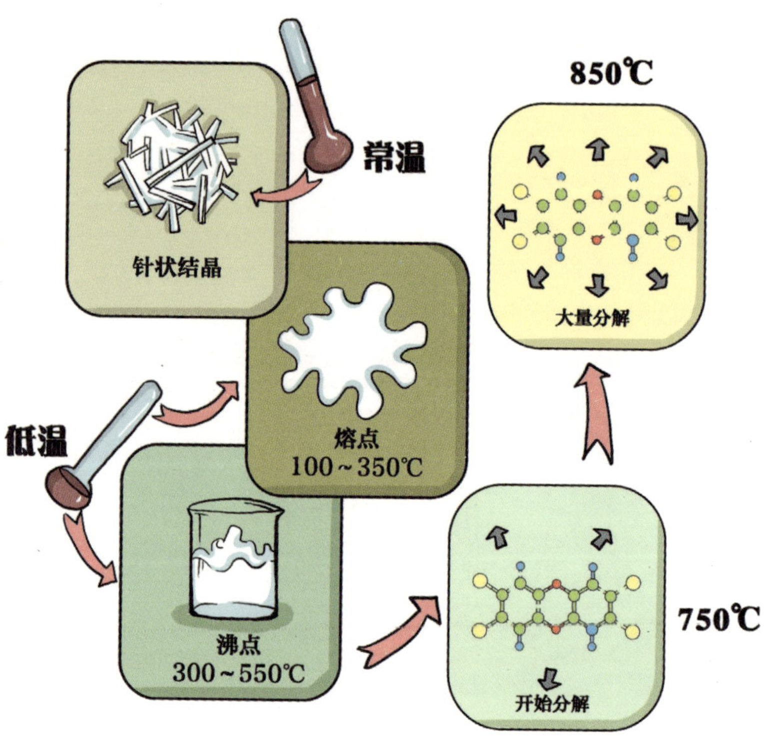

具有强热稳定性，需要加热到 750℃左右才开始分解，大量的二噁英分解则需要加热到 850℃以上。

二噁英在环境中存在周期较长，在气相中的半衰期为 8~400 天不等，水相中为 116~2 119 天，在土壤和沉积物中的半衰期不低于 10 年，而自然沉积物中其半衰期达百年之久，人体内的半衰期为 7~20 年不等。

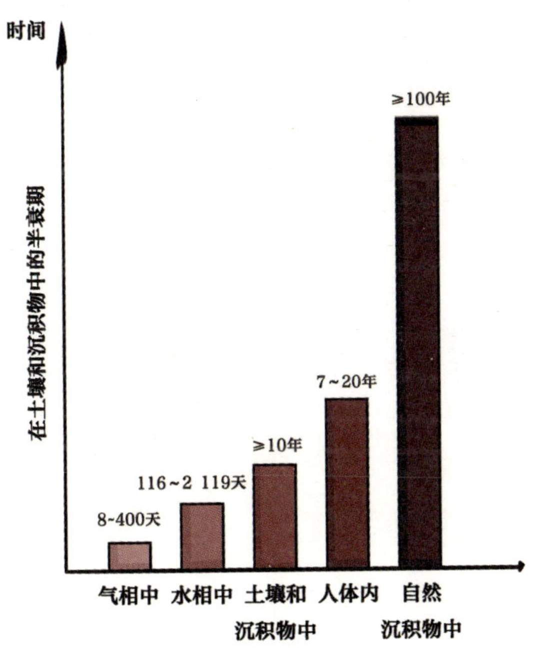

4 二噁英在热相关工业过程中主要生成机理

普遍认为二噁英在热相关工业过程中有以下三种主要生成机理。

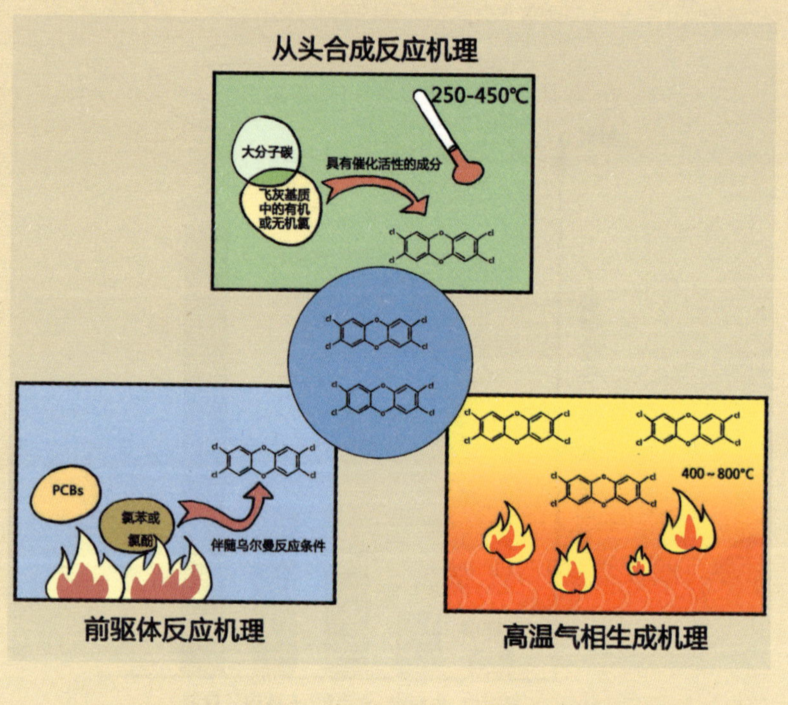

（1）**从头合成反应机理。**从头合成反应是指大分子碳和飞灰基质中的有机或无机氯在低温（250~450℃）经某些具有催化活性的成分（Cu 和 Fe 等过渡金属或其氧化物）催化生成二噁英。

（2）**前驱体反应机理。**即含氯的前驱体化合物，如 PCBs、氯苯或氯酚等在燃烧过程中或伴随乌尔曼反应条件（碱性环境）或是由于飞灰表面催化作用生成二噁英的过程。

（3）**高温气相生成机理。**高温合成反应的温度通常为 400~800°C，在此温度下，结构相关的前驱体化合物于气相中不经金属催化反应可直接生成 PCDD/Fs。反应温度、氧含量以及前驱体中氯原子的取代数目和位置均会影响 PCDD/Fs 的生成。因与 PCDD/Fs 具有结构相似性，氯苯、氯酚等芳烃化合物是最受人们关注的前驱体，它们可在反应过程中生成苯氧自由基经由缩合反应生成PCDD/Fs。在燃烧条件下，一般认为高温合成反应机理对于二噁英类的生成贡献远小于从头合成反应机理和前驱体反应机理。

5 二噁英在环境介质中的迁移转化行为复杂

人类生存的环境是一个由多介质单元（水、气、土等）组成的复杂系统。一般来说，当二噁英从其发生源进入环境介质后，不会固定在某一位置，而是要发生稀释扩散，进行跨环境介质边界的迁移、传递和转化等一系列物理、化学和生物过程。

室温下二噁英在大气传输时主要附着在大气颗粒物上，当其随降水沉降到水体特别是沉积物中，可进入食物链中进行生物富集和放大。无论是在生物体或是非生物体介质中，二噁英类化合物都不易自然降解，能够在不同环境介质中不断循环。即使是在世界最偏远的地区，动物和植物等生物机体中都已经检测到二噁英的存在。

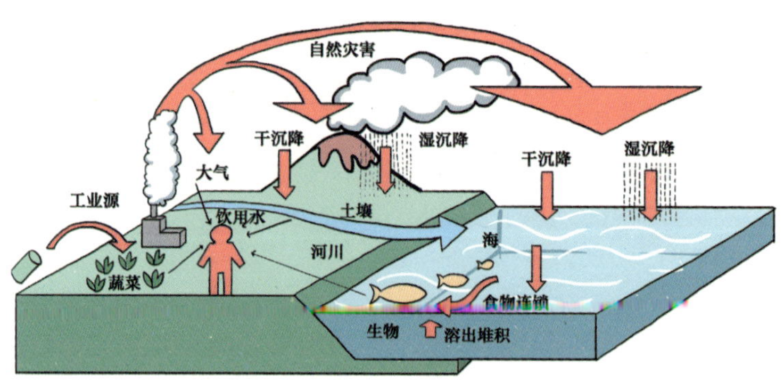

6 空气中的二噁英以吸附在颗粒物上存在

空气中的二噁英以吸附在颗粒物上存在，如 $PM_{2.5}$、PM_{10} 等固体悬浮颗粒，附着二噁英的颗粒物通过干湿沉降进入水体、土壤并造成环境污染。

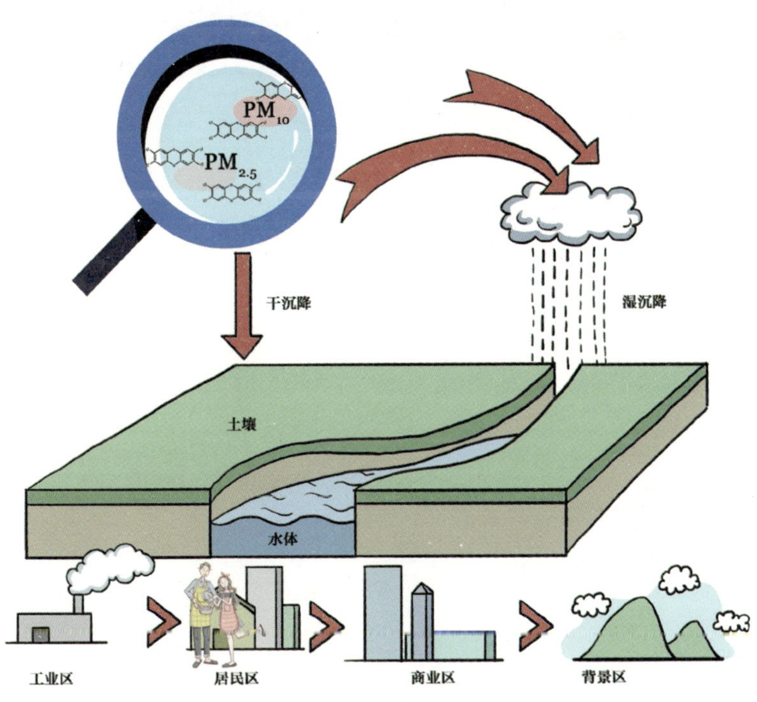

不同功能区的二噁英浓度

我国现有监测数据主要来自科学研究监测和成效评估监测，2007—2008 年（第一次）、2008—2011 年（第二次）我国分别开展了成效评估监测。相较于第一次履约成效评估结果，在第二次成效评估监测中，大气背景点空气中 17 种二噁英含量均呈现显著下降趋势。在不同的功能区，大气中二噁英浓度差异较大，但各地区间不同功能区的二噁英浓度变化趋势一致，大致为：工业区 > 居民区 > 商业区 > 背景区。我国大部分地区大气中二噁英的平均浓度在同一数量级水平。

7 水体中二噁英将会通过沉降作用进入沉积物

二噁英在水中的溶解度极低，以代表性化合物 2,3,7,8-TCDD 为例，其在水中的溶解度为 19.3 ng/L。因此进入水体的二噁英，主要通过沉降进入水底沉积物中。

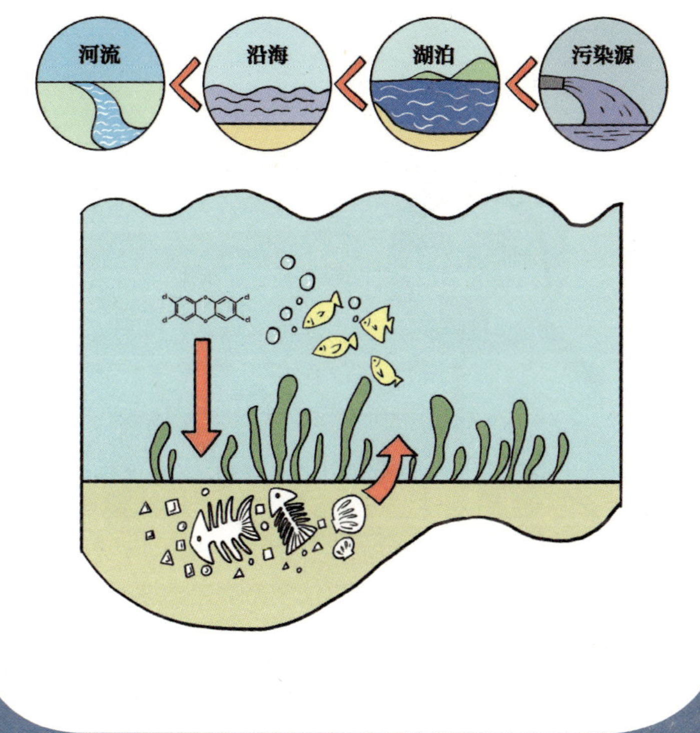

调查研究表明，海水中检测到 PCDD/Fs 浓度要比内陆河水中的浓度低一个数量级左右，地下水中 PCDD/Fs 的浓度比河水、湖水和沿海水域中 PCDD/Fs 的浓度低。根据联合国环境规划署（UNEP）发布的报告，在对日本沉积物中 PCDD/Fs 的调查发现，在不同类型的沉积物中，PCDD/Fs 的浓度也不尽相同。沉积物中所含 PCDD/Fs 总量从高到低依次为：湖泊、沿海地区、河流。一般来说，污染源附近的沉积物中 PCDD/Fs 的浓度较高。

8 土壤中的二噁英主要来源于大气沉降

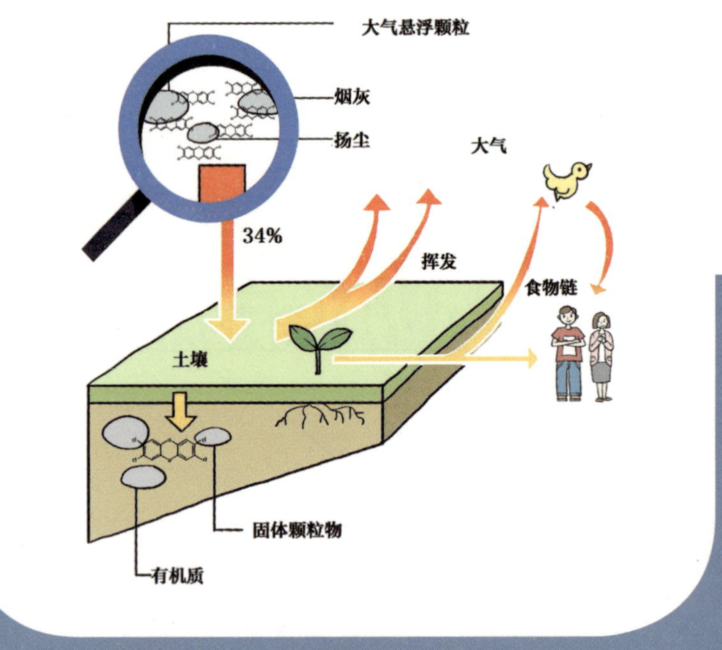

大气中悬浮颗粒或者烟灰、扬尘上吸附的二噁英由于颗粒物或扬尘的重力作用沉降到地面，造成土壤污染。据统计，全球每年排放的二噁英总量中，进入土壤中的约占34%。土壤中的部分二噁英化合物可通过挥发作用进入大气中，还有部分能和土壤中的有机质和固体颗粒物紧密结合，这些POPs能通过植物的根、茎、叶和种子等的吸收进入食物链。

9 二噁英工业来源广泛

二噁英来源广泛，包括废物焚烧、钢铁和其他金属生产、发电和供热、矿物产品生产、生产使用化学品和消费品等。根据 UNEP 发布的《二噁英与呋喃排放识别和量化标准工具包》（简称工具包），二噁英的来源共有 10 大类 62 个子类，10 大类包括废物焚烧、钢铁和其他金属生产、发电、供热、矿物产品生产、交通、非受控燃烧过程、生产和使用化学品以及消费品、其他来源、废物处理。

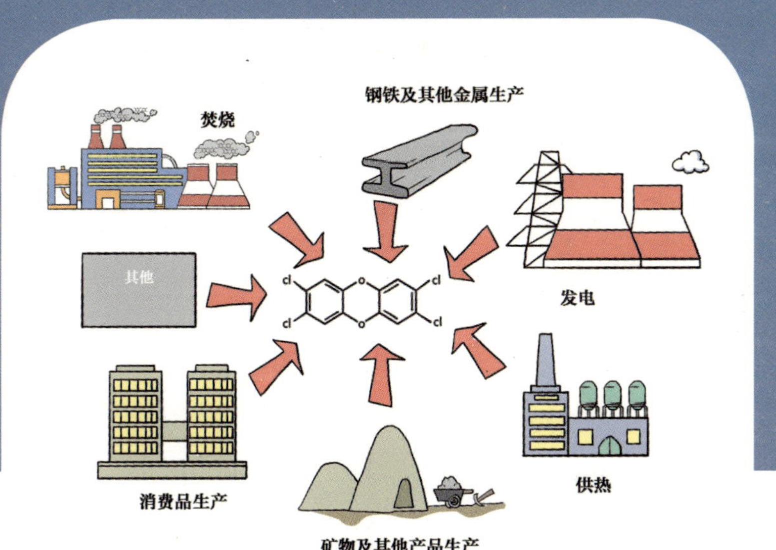

在对中国各行业二噁英类排放量进行评估后发现，我国二噁英的主要排放源包括钢铁行业（铁矿石烧结、电弧炉炼钢）、再生有色金属冶炼行业（再生铜、再生铝、再生锌）、废物焚烧行业（生活垃圾焚烧、危险废物焚烧、医疗废物焚烧）和化工行业（四氯苯醌、氯酚类衍生物生产）。

（1）废物焚烧

大部分的燃烧过程都会或多或少地产生二噁英，包括垃圾焚烧（如城市生活垃圾焚烧、医疗废物焚烧、危险废物焚烧和各种污泥燃烧）、各种燃料燃烧（如煤、木头和石化产品）和一些高温处理过程。

1977 年欧洲的研究首先在荷兰阿姆斯特丹市城市固体废物焚烧炉排放的飞灰和烟道气中检测出二噁英。生活垃圾通常具有高度的多相性，主要包括有机成分、矿物、金属和水。在焚烧的过程中，木质素、纤维素和高分子聚合物发生热分解，并经历各种复杂反应过程。这些物质的不完全氧化，生成许多含有苯环的中间产物。此时，若同时存在 Cl- 基，将生成氯苯、氯酚等化合物，最终可能生成二噁英。

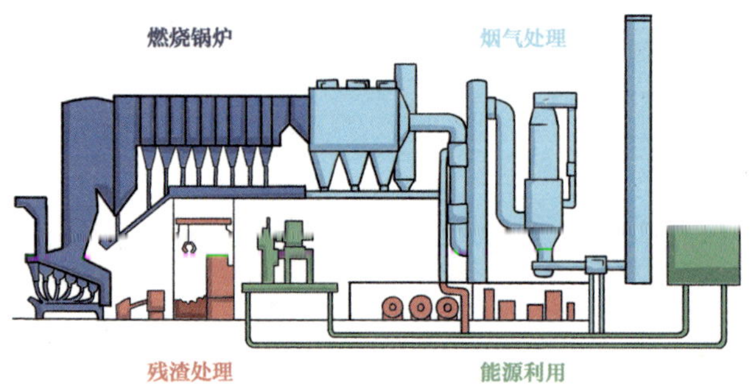

（2）再生有色金属生产

再生有色金属工业是能耗较高、污染物排放较多的产业，同时也是二噁英的重要排放源。我国是再生有色金属生产大国，再生有色金属产量在世界位居前列。根据 UNEP 二噁英排放估算工具包的数据和已有的文献报道，再生有色冶金过程中二噁英的排放因子较高，是重要排放源之一。在中国公布的《履行斯德哥尔摩公约国家行动计划》的清单数据中，再生有色冶金生产是我国二噁英的最大排放源之一。二噁英生成的主要因素包括：进料中含有油、塑料、涂料等有机物，燃料的不完全燃烧，或操作温度为 250~500℃。

（3）钢铁行业

钢铁工业中的烧结是生产铁的过程中的一个预处理工序。在这个步骤中，铁矿石的精细小颗粒（有的工厂也包括再生的氧化铁废料，如集尘、氧化铁皮等）通过燃烧结成大块。烧结过程利用焦炭颗粒和煤对细小的铁矿石进行加热并生成半熔融态的物质，它们可以固化成为块状的多孔烧结物以满足高炉对于进料的尺寸和强度的要求。烧结过程中所形成的二噁英很可能主要通过从头合成反应。一般来说，PCDFs 是烧结车间的废气中最主要的污染物。PCDD/Fs 可能在矿石被点燃后不久开始形成，最先是在烧结床的顶部区域，随后二噁英、呋喃和其他污染物在接近烧穿点的烧结带下部的较冷的原料层发生冷凝。

再生钢材通过电弧炉直接融解含铁碎料生产。电弧炉融解和提炼废铁原料，在独立的钢厂中产生碳素钢、合金钢和不锈钢。在电弧炉生产钢铁的过程中，由于不含氯的有机物（如塑料、煤和颗粒碳）在含氯供体的环境中燃烧，因此最容易通过从头合成反应来生成 PCDDs 和 PCDFs。

在金属的冶炼和精炼过程中可产生二噁英，如铁矿冶炼、钢材制造和金属边角料的处理过程。尤其是钢铁、冶金等工业流程的烧结工序，不仅排放 SO_2、N_xO_y 和颗粒物等大气污染物，也是二噁英类物质的主要排放源。

（4）化工行业

在以煤为原料的火力发电过程，以柴油 / 汽油为燃料的动力车以及家用炉灶等能源的使用过程中都含有多环芳烃，多环芳烃进一步作用便能形成二噁英。

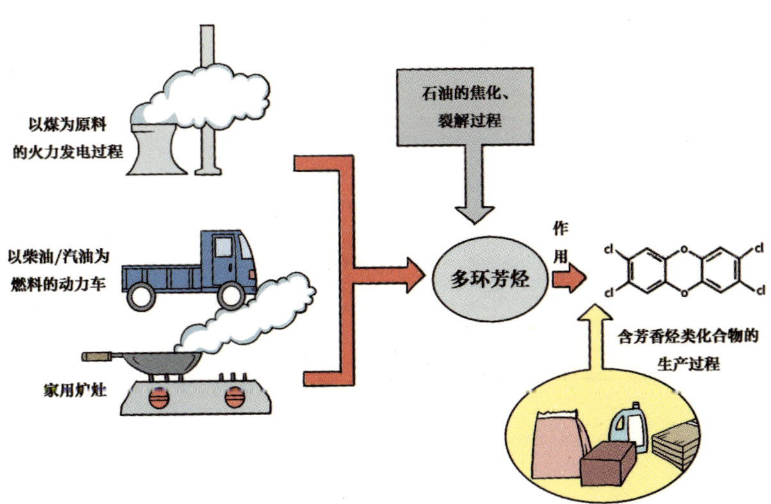

除此之外，石油的焦化、裂解过程也能衍生出二噁英。含芳香烃类化合物的生产过程，以硝基、烷基、酚类、苯胺、甲基苯等作原料的化工产品，例如合成洗涤剂、漂白剂、消毒剂、杀虫剂、防沉剂、室内装潢建材等建筑材料，都可派生出二噁英。

10 二噁英污染和超标事件

（1）意大利塞韦索爆炸事件

1976 年 7 月 10 日，意大利北部城市塞韦索，伊克梅萨化工厂发生三氯酚钠反应釜爆炸。爆炸时反应釜内的压力高达 4 个大气压，温度高达 250℃。其高温高压的反应条件为二噁英的生成创造了条件。

据调查，爆炸时反应釜内的物质包括 2 030kg 的 2,4,5- 三氯酚钠、540kg 氯化钠以及超过 2 000kg 的其他有机物。据测算，反应生成 130~300kg 二噁英，整个受污染区面积高达 1 810hm^2。事故后的监测数据显示，受污染最严重的区域土壤中二噁英含量达到 50 mg/m^3 以上，污染最轻的区域，土壤中二噁英的含量也接近 5 mg/m^3。

事后对居民的身体检查发现，其体内的二噁英水平高达 5.6ng/kg，是迄今为止所发现的人体内二噁英的最高水平，且当地居民中出现了 183 例氯痤疮病例。

此次事件促使欧洲共同体（即欧盟前身）颁布了《工业活动中重大事故危险法令》(以下简称《塞韦索法令》)，列出了 180 种危险化学品，包括其化学属性及临界量标准。促使多国联合共防共治，在《塞韦索法令》框架下，英国、荷兰、德国等欧盟成员国均要求对化工厂的重大危险源进行辨识、评价，并提出相应的事故预防和应急措施计划。1996 年，欧盟对《塞韦索法令》进行了修订，通过了《塞韦索法令 II》，补充每项化学危险物质的高、低两个极限值，并对达到高限标准的重大危险源采取更为严格的要求。2003 年，欧盟又对《塞韦索法令 II》进行了修订，扩大了其实施范围，进一步强化了安全距离、应急预案、人员培训等方面的要求。2015 年 6 月 1 日，《塞韦索法令 III》(Seveso III directive) 正式在欧盟范围内实施，该指令在《塞韦索法令 II》的基础上进一步明确了基于危险物质状况的环境风险源划分，并对风险源的管理提出了明确要求。

（2）比利时鸡饲料污染事件

1999 年 3 月 18 日，比利时的一些养鸡业者发现，其饲养的母鸡生蛋率下降，且蛋壳坚硬，肉鸡生长异常等。对此人们怀疑饲料有问题，经比利时农业专家调查发现，比利时 9 家饲料公司生产的饲料中含有二噁英，食用了这些饲料的鸡体内二噁英含量高于正常值 1 000 倍。比利时保险公司在化验客户的动物饲料样时，证实鸡脂肪中二噁英的含量超出允许量的 140 倍。1999 年 4 月 26 日，证实鸡肉被二噁英污染。1999 年 5 月 28 日，此事在比利时引起强烈反响。污染事件影响的范围迅速扩大，波及世界多国。1999 年 6 月 1 日，迫于强大的国际和国内压力，比利时卫生部和农业部部长相继被迫辞职，并最终导致内阁集体辞职。新卫生部长上任后，对鸡脂肪中二噁英含量重新测试，为标准含量的 1 500 倍。3 个星期后，受影响的农场数增加到 1 400 余家。

经调查，受污染的饲料曾供应给 9 家比利时饲料生产厂、2 家法国、1 家荷兰和 1 家德国饲料工厂，这 13 家饲料厂又把污染了的饲料卖给了数以千计的饲养场，造成污染的蔓延。

事后，比利时政府采取了一系列的补救措施。比利时卫生部下令禁止销售肉鸡和鸡蛋，要求回收和销毁当时市场销售的全部肉鸡和鸡蛋。随后将禁止和销毁范围扩大到所有禽肉制品，决定销毁 1999 年 1 月 15 日—6 月 1 日生产的禽、蛋及其加工制品。

此次事件造成了巨大的经济损失，比利时农场每天直接损失约 10 亿比利时法郎，整个事件对比利时共造成直接损失 3.55 亿欧元，间接损失超过 10 亿欧元，对出口的长远影响可能高达 200 亿欧元。世界各国禁止进口比利时肉类等相关产品。欧盟委员会决定在欧盟 15 国停止出售，并收回和销毁比利时生产的肉鸡、鸡蛋、蛋禽制品、猪肉和牛肉，美国则决定全面封杀欧盟 15 国的肉品。

（3）澳大利亚悉尼奥运会主会场建设用地污染事件

在悉尼奥运会主会场筹建初期的环境影响评价中发现，该用地受到了二噁英污染。1999 年 8 月 11 日，国际环保人士和悉尼奥运会有关机构的专家在 2000 年悉尼奥运会主会场附近察看了在此清理出的约 400t 被二噁英污染的泥土。

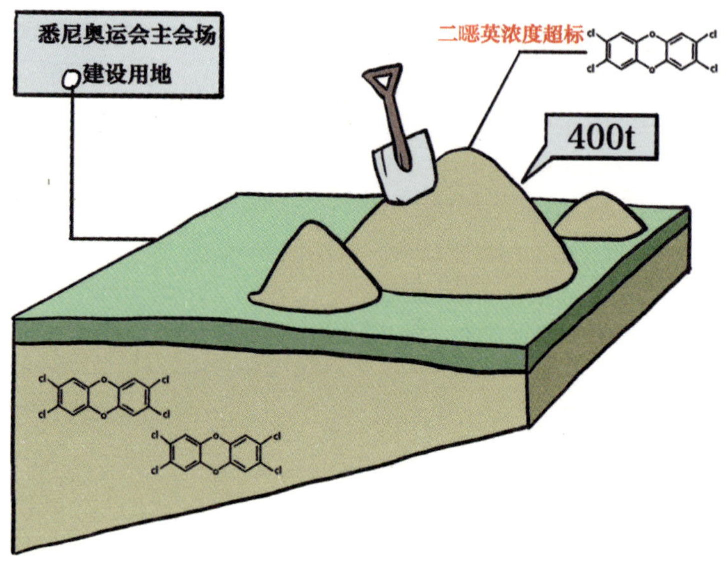

这些被污染的泥土于 1999 年 8 月 12 日进行了最后的处理，以此纪念距奥运会开幕 400 天倒计时活动的开始。

针对土壤中的二噁英等污染物，悉尼奥运会组委会采用热脱附法来进行抽取，然后再送到悉尼家宝湾（Homebush Bay）用碱性催化分解技术做进一步处理，而处理所产生的废物最终还需运往澳洲另一省份的热处理厂做更进一步处理。这些泥土经过处理后，将不会对人体有任何危害。

（4）中国台湾地区安顺厂二噁英污染事件

2000 年，我国台湾地区安顺厂附近居民养殖的鱼类、贝类被检测出含有高浓度二噁英、五氯酚和汞。2004 年 10 月，安顺厂旁的一位民众的血液中二噁英浓度高达 308.553pg I-TEQ/g 脂质，这是台湾当时所测出的最高值，同时刷新了世界纪录。

安顺厂利用水银电解法电解食盐水以制造碱氯，经由污泥及废水排放，造成鹿耳门附近地区的底泥受到具有毒性的汞污染。有毒物质暴露存储，产生二噁英，用五氯酚钠制造农药、除草剂及木材防腐剂时会产生二噁英，安顺厂区存放的五氯酚钠长期受到雨水冲刷，使得厂区之土壤及地下水遭到五氯酚及二噁英污染。从污染的路径来看，安顺厂对毒物的储存相对随意，没有流程或有流程缺乏执行。

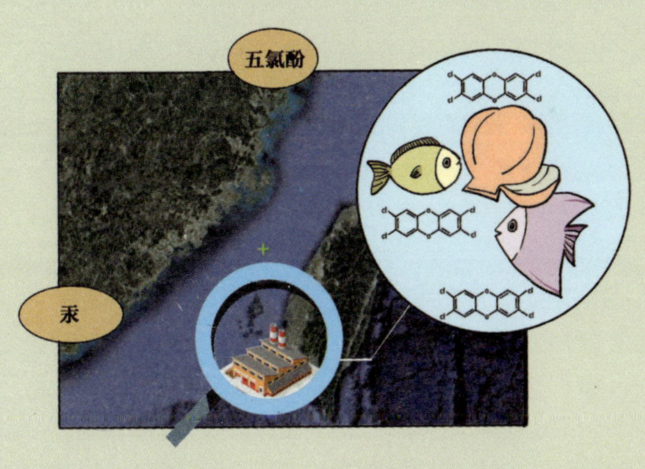

在污染事件之后，安顺厂引进先进技术，修复环境污染。治污工作启用由美国引进的海水池底泥疏浚船，进行海水池底泥整治工程。重视土壤及地下水的污染问题，出台相关法案，强化管理部门的专职责任，台湾环境事务主管机关于 2000 年 2 月 2 日出台了土壤及地下水污染整治有关规定，规定了土壤及地下水污染整治费的征收办法，并效仿美国“超级基金”的相关做法，于 2001 年成立了土壤及地下水污染整治基金管理会，专门负责整治基金的管理和使用。2005 年，以人道名义对受害民众发放救济金，金额为 5 年划拨 1.3 亿元救济款。

（5）中国香港财利造船厂址二噁英污染事件

2001 年 4 月，香港特别行政区政府对准备建设香港迪士尼乐园基础设施用地——香港财利造船厂址进行环境影响评价，发现其中的 30 000m^3 淤泥受到重金属和二噁英污染。2002 年 3 月 12 日，立法会环境委员会论证二噁英土地修复路径，在综合比较了三种修复办法之后，确定了使用热力解吸法。在 1~2 年热力解吸法处理期间，形成了约 600m^3 的油性剩余物，这些油性剩余物在试烧后，报告显示符合所有的环保规定，环保署署长批准开始焚化含二噁英剩余物。

由于能源燃烧产生二噁英，发电、建材、冶金等工业生产过程中的化石能源在燃烧和利用时会产生二噁英。长期的积累加上香港财利造船厂并没有实时处理产生的二噁英的意识和措施，最终造成土地被污染。监管的缺位、粗放的发展、政府和厂区在二噁英的监管方面缺位，导致事前控制和事中处理的措施不力。

这次事件树立了高效治理二噁英污染土壤的样板，从环评报告公布于众到确定修复路线只用了 1 个月的时间。经过试烧，证明了油性剩余物的技术路线是安全可靠的，为后续类似事件提供了一种有效的处理方式。

（6）德国鸡蛋二噁英含量超标事件

《德国世界报》2005 年 1 月 16 日报道，根据 1 月实施的《欧盟农产品标准》，德国许多州发现不少鸡蛋中的二噁英含量超标。食用这种鸡蛋虽然不会在短期内导致人体病变，但被吸收的二噁英会长期潜伏在人体的脂肪组织中，并最终对人体造成危害。

据报道，由于散养的鸡经常会在被污染的地面上找食吃，所以在各项指数的检验中，散养鸡产的鸡蛋质量要比养鸡场的鸡蛋差。通常情况下，散养鸡蛋二噁英的含量要比养鸡场鸡蛋高 2.5 倍。

事件发生后，德国消费者保护、食品及农业部部长屈纳斯特已要求彻底销毁这些有毒鸡蛋，及时控制住了污染的蔓延。

（7）中国香港检出江苏大闸蟹二噁英超标事件

2016 年 11 月 1 日，一条新闻称香港食品安全中心在 2016 年 9 月下旬在市面上抽查 5 只共 6kg 的大闸蟹样本，发现其中两个样本的二噁英含量超标，超标样本来自江苏省两个水产养殖场。

香港食品安全中心当时便立即暂停有关水产养殖公司再进口食品及实时停售，并通报内地有关部门跟进。在后期继续追查了分销情况，加强抽查样本，将召回的大闸蟹在香港就地销毁。

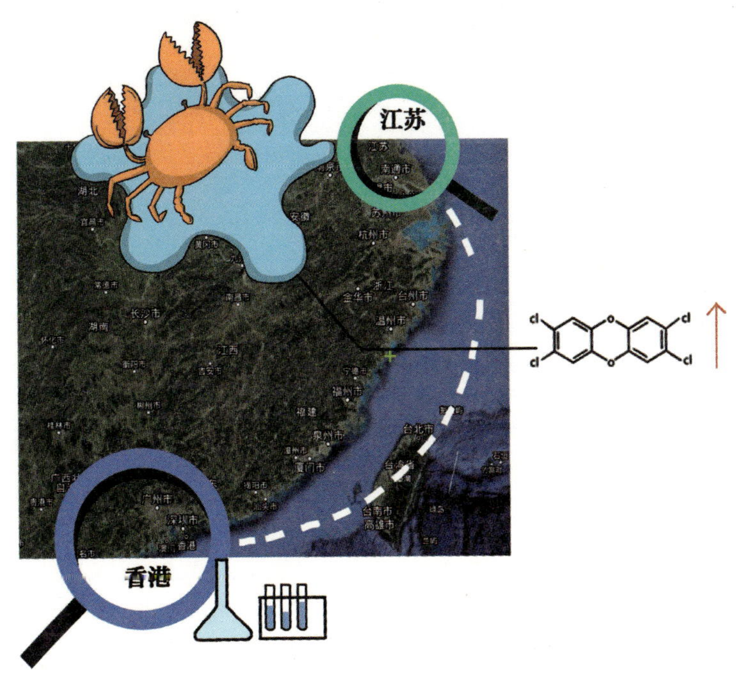

该事件引起了社会的广泛关注。后续的研究结论表明，包含此事件中涉及的大闸蟹在内的我国部分区域大闸蟹中二噁英的毒性当量平均值为 2.9±2.7pg TEQ/g，19% 的大闸蟹中二噁英的毒性当量要高于世界卫生组织（WHO）的限值。基于中国食物二噁英的水平，可计算出食用蟹肉后暴露于二噁英的毒性当量为 4.12 pg TEQ/(kg·d)。但是，根据 WHO 研究，人的一生中，平均每天单位体重摄入 1~4pg 毒性当量的二噁英不会对健康造成损害，短时偶尔摄入高于该剂量的二噁英并不会导致健康风险。

尽管如此，我国政府对该事件仍高度重视，组织开展了调研和检测。通过统计分析和物料平衡估算得出，蟹中二噁英可能主要来源于大闸蟹饲养投入品的污染和蟹池沉积泥污染。因此，原环境保护部进一步加强了对太湖环境的监测监管，对周边企业的污染物排放进行排查，严控有毒有害物质进入水体。同时，原卫计委等相关管理部门也将结合我国国情启动制订食品中二噁英限量标准方案的工作。

小知识：

pg 是重量单位，它的重量级别超级超级小，就是 1/1 000 000 000 000g（万亿分之一克），读作“皮克”，换算关系是：

1 千克（kg）=1 000 克（g）

1 克（g）=1 000 毫克（mg）

1 毫克（mg）=1 000 微克（μg）

1 微克（μg）=1 000 纳克(ng)

1 纳克(ng)=1 000 皮克（pg）

二

健康风险知多少

11 二噁英类的毒性强度用毒性当量（TEQ）来表示

二噁英的毒性是指高水平暴露的急性毒性，比如一次摄入剂量为 WHO 限定的每日摄取量的几十万倍。

对于二噁英毒性的评价通常采用的方法是将不同的异构体组分的二噁英毒性换算成二噁英中毒性最强的 2,3,7,8- 四氯二苯并 - 对 - 二噁英的毒性量来表示，称为毒性当量（TEQ）；而把其他二噁英异构体的毒性和 2,3,7,8- 四氯二苯并 - 对 - 二噁英的毒性相比得到的系数定义为国际毒性当量因子（TEF）。混合二噁英样品中的整体毒性大小就等于二噁英样品中的所有异构体毒性当量（TEQ）的总和。

目前，可供使用的二噁英类的毒性当量因子（TEF）有两套，一套由 1988 年北大西洋公约组织科学委员会发布（包括 PCDDs 和 PCDFs），另一套由世界卫生组织 1998 年提出并于 2006 年修订（包括 PCDDs、PCDFs 和共平面多氯联苯 dl-PCBs）。《斯德哥尔摩公约》采用的毒性当量系数与世界卫生组织一致。

12 每日耐受摄入量（TDI）作为评估安全接触二噁英的指标

国际上通常用每日耐受摄入量（TDI）作为评估安全接触二噁英的指标。TDI 指的是长时间摄入情况下，人体每天每千克摄入的可能对人体有害的化学物质的量。即使人的一生每天都摄入该剂量的某种化学物质也是安全的，短时间超出该剂量的摄入未必对人体造成危害。TDI 是用于评估食品或水体化合物污染状况的方法。

1990 年，世界卫生组织制定了二噁英的每日耐受量为 10pg TEQ/(d・kg)，1998 年的 WHO 根据获得的最新毒性数据将二噁英类的 TDI 修订为 1~4 pg TEQ/(d・kg)。随着二噁英毒性研究的不断深入，考虑到二噁英是持久性有机污染物，一般的摄入不会造成急性毒性，要考虑其累计效应。因此，FAO 和 WHO 食品添加剂联合专家委员会最近提出更为先进的 PCDD/Fs 剂量标准为每月允许摄入量（PTMI）为 70 pg WHO-TEQ/kg。

13 二噁英对人体健康影响由健康风险评价方法表征

1983 年，美国首次提出健康风险评价定义，将健康风险评估定义为“表征人类暴露在环境危害因素之下，出现不良健康效应的特征”，并提出健康风险评估的四步法，即风险鉴定、剂量—反应评估、暴露评估、风险表征。

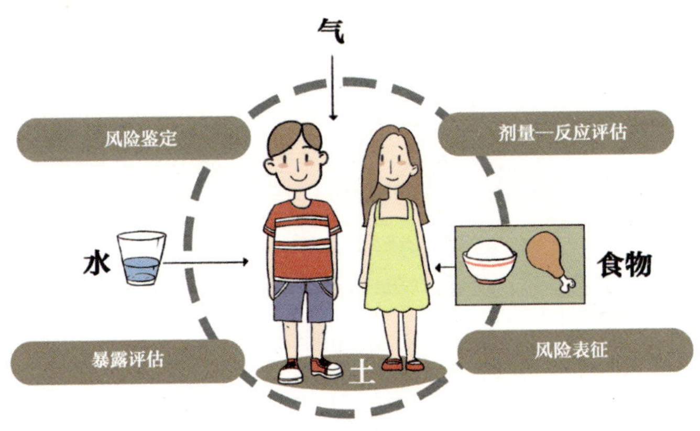

健康风险评估四步法

由于二噁英在环境中存在一般是痕量的，持续时间长，产生的效应主要是慢性的，因此一般采用慢性效应中非致癌参考剂量（RfD）和致癌斜率因子（CSF）来计算二噁英对人体的非致癌和致癌风险。目前开展的二噁英健康风险评价主要依靠卫生监测来进行。通过识别二噁英对人体的暴露途径，监测气、水、土和食品等介质中二噁英的含量水平，综合评估其污染状况及对人体的接触量，通过与TDI 标准值进行比较，来评价二噁英对人体的健康风险。

14 二噁英通过与芳香烃受体结合对生物体产生危害

二噁英类化合物不会直接损伤生物体，它们主要是通过与芳香烃受体（Ah受体）结合，诱导相关基因表达而造成对生物体的损害。二噁英类化合物对生物体内Ah受体具有高度的亲和能力，能专一性地诱导细胞色素P450酶(CYP1A1)。这类化合物受体诱导生物体基因表达的过程可概括为：

（1）二噁英类化合物进入细胞；
（2）化合物与芳香烃受体结合；
（3）配体—受体复合物与DNA识别位点结合；

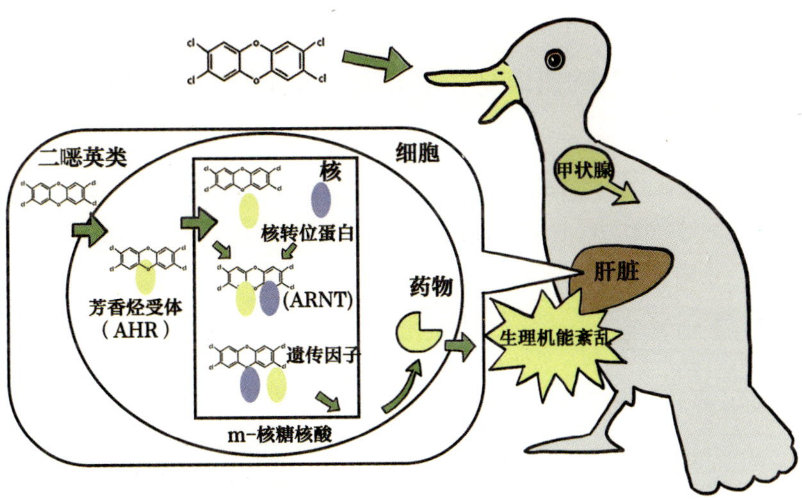

（信息来源：日本环境省）

（4）诱导和增加 2,3,7,8 位氯取代异构体（TCDD）易感基因（CYP1A1）转录和翻译；

（5）表达蛋白发挥作用的相关酶可将前致癌物转化为致癌物，从而促进机体癌症的发生。

15 食物摄取是二噁英进入人体的主要途径

二噁英具有生物蓄积性，可通过食物链进行富集。在二噁英进入人体的各种暴露途径中，通过食物的摄取是人体对于二噁英暴露的最主要途径，其次则主要是呼吸、皮肤接触以及土壤或灰尘的摄入。人体中的二噁英有98%以上是通过饮食渠道摄入的。

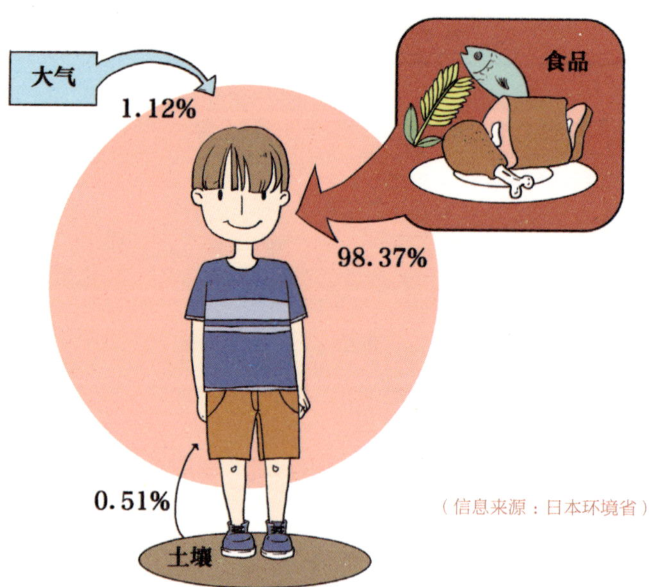

（信息来源：日本环境省）

日本环境省和厚生省对一个正常人每天摄入的二噁英情况做了调查，显示2010年日本人平均每日摄入二噁英量为0.83pg TEQ/kg，其中：从大气的摄入量为0.009 3pg TEQ/kg，从土壤为0.004 2pg TEQ/kg，从食物为0.816 5 pg TEQ/kg。

16 动物性食品是人体摄入二噁英的主要来源

因二噁英具有强脂溶性，所以在所有食物中，动物性食品是人体中二噁英的主要来源，其污染水平远高于植物性食品。研究表明，鱼类是饮食暴露的主要来源，占44%，其次依次为家畜（19%）、家禽（12%）、谷类（9%）、蛋类（8%）、食用油（4%）、蔬菜（3%）、奶粉（1%）。二噁英已经被世界卫生组织列入全球环境监测计划中食品部分的监测对象名单。

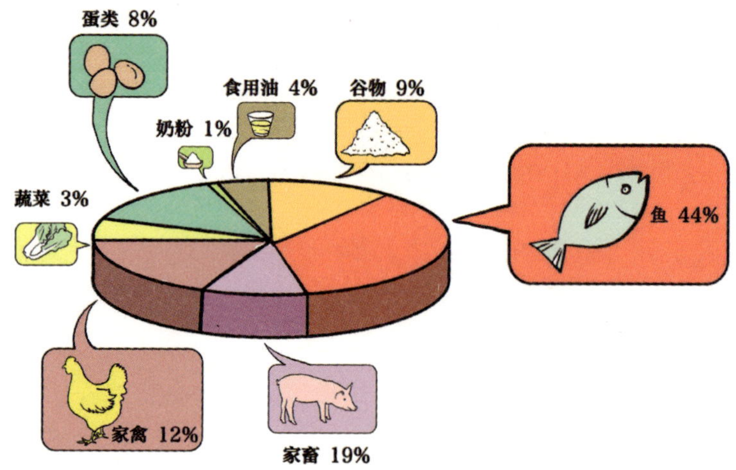

由于饮食习惯不同，日本饮食摄入二噁英的主要来源是鱼类等海鲜，欧洲和美国主要是肉类和奶制品。我国居民饮食摄入主要以高碳水化合物及植物性食物摄入为主、动物性食物摄入为辅，但地区差异较大。研究表明，通过蔬菜摄入二噁英量明显少于海鲜或肉类。

17 氯痤疮是二噁英中毒的典型症状

二噁英中毒的一个特征标志就是氯痤疮，它以痤疮形式出现，会使皮肤发生增生或角化过度，色素沉着，并伴随胸腺萎缩及废物综合征。接触二噁英类化合物后可产生氯痤疮，出现黑头粉刺与淡黄色囊肿，主要分布在眼周、颧部、颞部、耳后及阴囊。

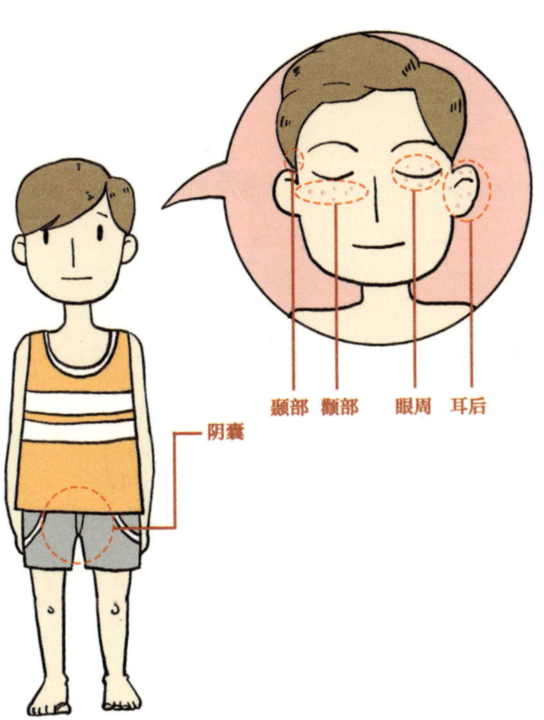

18 二噁英可能会使神经系统轻度异常

二噁英类化合物对神经系统的效应尚无法确定，说法也不一。有学者在对某农药厂 156 名接触二噁英类的工人（42 名氯痤疮病人和 114 名无氯痤疮）进行的临床和神经生理学检查中发现，PCDD/Fs 对周围神经系统有轻度的毒效应，重度接触者中的少数人出现腿部轻度感觉神经异常。

此外美国有研究发现，如果母亲每月食用 2~3 条严重污染的五大湖的鱼，婴儿出生时反应和反射减弱，继而出现多种认识记忆和活动行为水平的缺陷，而且这种作用可能是迟发或长期的。

19 二噁英可能对激素分泌具有影响

二噁英作为一种环境激素，可扰乱人的内分泌系统。在人体内产生类似内分泌激素的作用，拮抗人体内正常分泌的内分泌激素作用，破坏人体内分泌激素的合成和代谢过程。它可引起胸腺萎缩，对体液免疫和细胞免疫均有抑制作用。

二噁英会干扰性激素的代谢，引起生殖系统功能障碍。孕期妇女接触二噁英，可使胎儿血清甲状腺素水平下降，而促甲状腺胰岛素水平上升，具有抑制甲状腺的功能。另外，它还可以干扰糖皮质激素、维生素 A、血脂和卟啉代谢等，引起一系列功能紊乱。

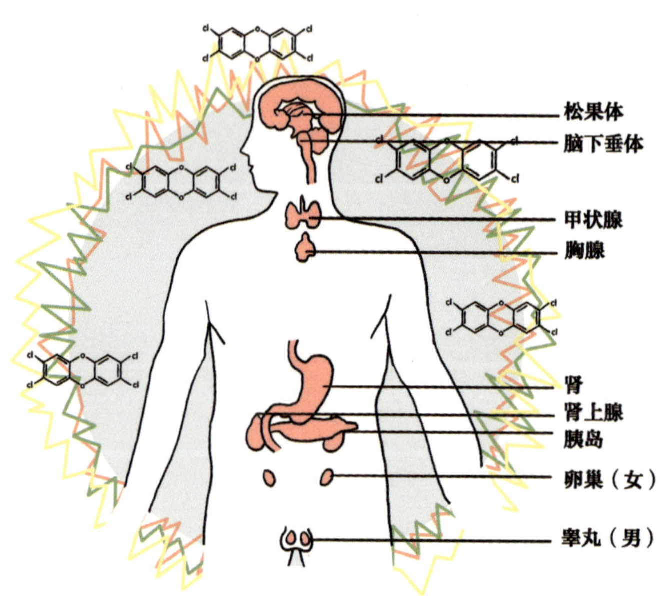

20 二噁英可能对免疫系统有抑制作用

二噁英可以同时抑制体液免疫和细胞免疫。对二噁英最为敏感的是杀伤性 T 淋巴细胞，在 0.04 μg/kg 体重的剂量下可引起持续抑制反应。二噁英亦可长期抑制辅助性 T 细胞功能，对骨髓、胸腺、肝脏、肺脏中的淋巴干细胞和 NK 细胞都有毒性作用。二噁英可直接抑制 B 细胞，使初次、再次免疫应答的反应性降低，使抗体（IgE、IgG）产量下降。

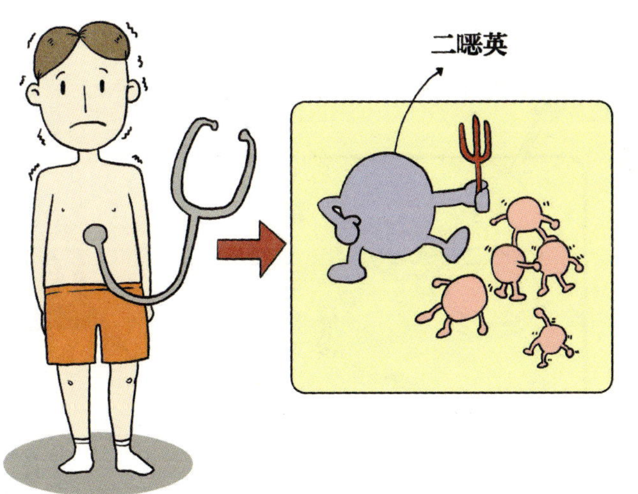

21 二噁英可能对生殖系统产生影响

二噁英具有生殖毒性，其毒性对男性和雄性动物较明显，主要症状表现为睾丸重量减轻、精细胞减少、输精管中精母细胞和成熟精子退化。有报道称二噁英可以通过诱导附睾精子的氧化应激状态来影响小鼠的生殖功能。最近的证据表明 30 年前的接触仍然使精子计数下降 50 %。

二噁英对女性和雌性动物的影响主要表现为子宫重量减轻、卵巢功能障碍、子宫中雌性激素受体减少，严重的导致不孕及子宫内膜异位。

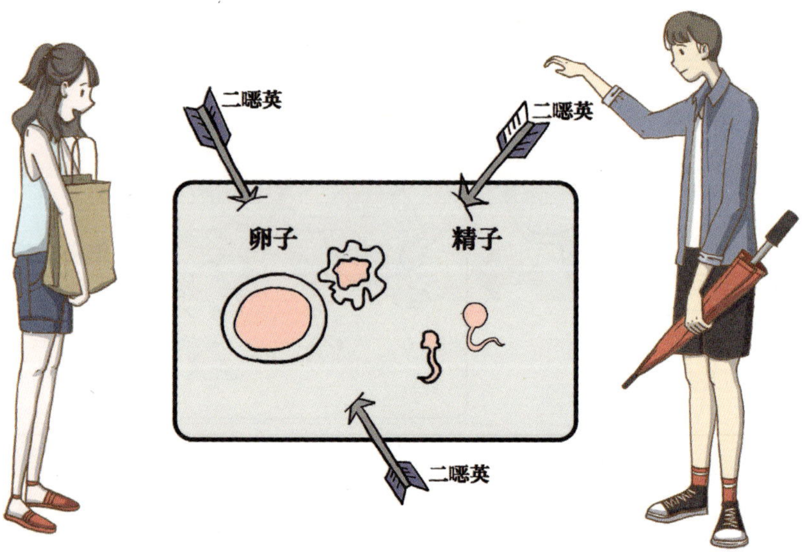

22 二噁英对不同种类生物体的毒性差别较大

动物实验表明，二噁英具有极强的急性毒性，机体接触少量就会有明显的中毒反应。因此，1997年2月国际癌症研究中心正式确定二噁英类毒物为一级致癌物。PCDDs和PCDFs是目前发现的无意识合成的副产品中毒性最强的化合物，尤其是2,3,7,8-TCDD。其毒性大小受动物种属、品系及年龄影响，其中豚鼠对其最为敏感。

不同种属急性经口毒性的半数致死剂量 LD_{50}(μg/kg)的毒性试验结果如下表所示。

二噁英的主要毒性及其作用剂量的种属差异

毒理学效应	动物种属	剂量 /（μg/kg）
致死效应（经口 LD_{50}）	豚鼠 猴 大鼠 小鼠 兔 狗 田鼠	0.6~19 50 20~3 000 114~2 570 115~275 500 1 157~5 050
氯痤疮（皮肤角化过度）	猴 兔 小鼠（无毛）	0.001（9 月） 1（涂抹 4 周） 1（涂抹 4 周）
肝脏毒性	大鼠 小鼠	5（一次染毒） 50（3 周）
肝脏卟啉病	大鼠 小鼠	1（45 周） 100（/kgb.w/w）
免疫毒性	豚鼠 猴、小鼠、兔、田鼠	0.04 0.1
致畸毒性	小鼠	0.001
胚胎毒性	猴 大鼠 兔 小鼠	0.000 7 0.01 0.25 3
致癌性	大鼠 小鼠	0.01 0.01
遗传毒性	体外试验 体内试验	无 无

23 日常生活中摄入的二噁英量不会造成急性中毒反应

因二噁英对豚鼠的半致死剂量的实验结果为0.6~19μg/kg，是已知化合物中最低的，所以二噁英类化合物被称为“地球上毒性最强的毒物”，且其毒性强于氰化钾。

但至今尚未报道人类因二噁英中毒致死的案例。二噁英对人类造成急性毒性且影响最深远的事件是乌克兰总理尤先科遭投毒二噁英造成面部氯痤疮事件。研究发现，其体内血液中二噁英浓度水平为108 000μg/kg，是普通人群体内二噁英浓度的50 000倍。所以在我们日常生活中摄入的二噁英量不会对人体造成急性中毒反应。

三

管控行动知多少

24 削减和控制 POPs 的《斯德哥尔摩公约》

为保护人类身体健康和环境安全，2001 年 5 月 22 日，联合国环境规划署（UNEP）在瑞典斯德哥尔摩通过了《关于持久性有机污染物的斯德哥尔摩公约》(以下简称《公约》)，旨在减少和 / 或消除 POPs 的排放和释放，是国际社会对有毒化学品采取优先控制行动的重要步骤。

截至 2017 年 11 月，已有 182 个国家或区域组织签署了 POPs 公约，其中 152 个已正式批准该公约。

2001 年 5 月 23 日，中国政府签署了该公约；

2004 年 6 月 25 日，十届全国人大常委会第十次会议批准《公约》；

2004 年 11 月 11 日，《公约》在中国正式生效。

《公约》的发展历程：

根据联合国环境规划署（UNEP）十九届理事会 1997 年 2 月通过的 GC/13C 号决议，由 UNEP 协同其他有关国际组织组建关于 POPs 的政府间谈判委员会（INC），并负责组织谈判。

· 五次政府间谈判：1998 年 6 月在加拿大蒙特利尔、1999 年 1 月在肯尼亚内罗毕、1999 年 9 月在瑞士日内瓦、2000 年 3 月在德国波恩、2000 年 12 月在南非约翰内斯堡。

· 二次关于 POPs 的筛选标准及程序专家组会议：1998 年 10 月在泰国曼谷、1999 年 6 月在维也纳。

2001 年 5 月 22—23 日，于瑞典斯德哥尔摩举行的《关于持久性有机污染物斯德哥尔摩公约》全权代表大会上达成公约文本，当时共包括 30 条正文和 6 个附件。

来自127个国家、11个联合国专门机构、4个政府间组织、68个非政府组织的代表共600多人参加了本次全权代表大会。有110个国家签署了大会最后文件，90个国家签署了《公约》，1个国家（加拿大）当场批准了《公约》，正式启动了人类向POPs宣战的进程。

《公约》的目标：

铭记《关于环境与发展的里约宣言》之原则15确立的预防原则，保护人类健康和环境免受POPs危害。《公约》具有五个主要目标：

①先消除公约受控名单中的最危险的POPs；
②支持向较安全的替代品过渡；
③对更多的POPs采取行动；
④消除库存POPs和清除含有POPs的设备和废物；
⑤协同致力于没有POPs的未来。

《公约》的主要内容：

《公约》正文共 30 条，包括目标、定义、实质性条款 14 条、常规性条款 14 条，以及 7 个附件。

· 附件 A 列出需要消除其生产和使用的 POPs 物质及其特定豁免的情况。

· 附件 B 指明了需要限制生产和使用的 POPs 物质。

· 附件 C 对无意产生的 POPs 物质进行说明，并提供防止和减少其排放的关于最佳可行技术和最佳环境实践（BAT/BEP）的一般性指导。

· 附件 D 规定了新 POPs 信息要求和筛选标准。

· 附件 E 提出了审查新 POPs 时需在风险简介中提供的资料。

· 附件 F 说明了提出增列 POPs 建议时应提供的涉及社会经济因素的信息。

· 附件 G 规定了争端解决的仲裁程序和调解程序。

25 二噁英属于公约管控的POPs物质

二噁英由于具有符合公约规定的POPs物质特性，所以是公约受控物质，被列入附件C。

清单更新时间	附件A（禁止或消除） 应采取必要的法律和行政措施禁止和/消除的化学品	附件B（严格限制可接受用途） 应限制生产和使用的化学品	附件C（减少或消除无意产生） 应采取控制措施减少或消除的源自无意生产的污染物	在用物品/废弃/污染地块
首批受控（12种）（2001.5）	艾试剂、狄氏剂、异狄氏剂、七氯、毒杀芬、多氯联苯、氯丹、灭蚁灵、六氯苯	滴滴涕	多氯二苯并对二噁英、多氯二苯并呋喃、六氯苯和多氯联苯	查明POPs或含POPs化学品库存； 查明含POPs产品、物品及废物； 环境无害化管理库存、产品、物品及废物； 以不可逆转方式销毁POPs废物； 查明污染场地清单
首次增列（9种）（2009.5）	十氯酮、五氯苯、六溴联苯、林丹、α—六氯环己烷、β—六氯环己烷、商用五溴二苯醚和商用八溴二苯醚	全氟辛基磺酸及其盐类和全氟辛基磺酰氟	五氯苯	
第二次增列（1种）（2011.4）	硫丹	—	—	
第三次增列（1种）（2013.5）	六溴环十二烷	—	—	
第四次增列（3种）（2015.5）	六氯丁二烯、五氯苯酚及其盐类和酯类、多氯萘	—	多氯萘	
第五次增列（3种）（2017.5）	十溴二苯醚、短链氯化石蜡	—	六氯丁二烯	

26 公约要求持续减少并最终消除无意生产类POPs物质

二噁英类化合物在《公约》中被列入附件C，即无意生产类POPs物质。针对无意生产类POPs（附件C）中的每一类化学物质，《公约》采取以下措施，以持续减少并在可行的情况下最终消除此类化学品。

（1）要求公约对缔约方生效之日起两年内，制订并实施一项旨在对其排放进行管理的行动计划。

（2）促进实施切实可行的能够减少排放量或消除排放源的措施。

（3）促进开发和酌情规定使用替代或改良的材料、产品和工艺，以防止无意生产类POPs的生成和排放。

（4）促进采用最佳可行技术和最佳环境实践。

公约要求持续减少并最终消除无意生产类POPs物质
行动计划
促进采用最佳可行技术和最佳环境实践
促进实施切实可行的能够减少排放量或消除排放源的措施
促进开发和酌情规定使用替代或改良的材料、产品和工艺，以防止无意生产类POPs的生成和排放

27 联合国为各缔约方削减二噁英的决策提供技术支持

针对《公约》要求，联合国针对“二噁英及其类似物的暴露：一个公众关注的健康问题”，已采取一系列行动，目前为决策者颁布了大量的信息文件。

制定了《识别和量化二噁英和呋喃的排放标准工具包:空气，水，土壤，产品，残留物》《识别多氯联苯和含多氯联苯材料的技术导则》《预防和降低食品和饲料中二噁英和类二噁英 PCB 污染的操作规程》《二噁英及其对人体健康的影响》等；

制定了“全球环境监测系统中的食品污染监测和评估规划”，对母乳中二噁英的含量进行定期研究；

出台了相关技术规范及指南，如“多氯二苯并二噁英，多氯二苯并呋喃和共面多氯联苯”，《空气质量指南，多氯联苯（PCBs）》；

确定了二噁英及相关化合物的毒性当量因子（TEFs），并定期进行评估。

28 欧盟主要着眼于控制焚烧过程排放的二噁英

为了减少二噁英对人类的暴露风险，欧盟采取了各种行动来减少其对环境的排放，并在第五个环境行动计划（the 5th Environmental Action Plan）中制定了战略目标：1985–2005 年已知的二噁英排放源减少 90%。

2004 年，欧盟对二噁英大气排放清单进行了调查，市政废物焚烧是第一大排放来源，钢铁矿石的烧结也是重要的排放源。以英国为例，英国对其国内二噁英的排放进行的清单调查显示，工业生产过程排放为 535~955 g I-TEQ/a，占到总排放的 90%。其中市政废物焚烧是最大的排放源，煤的燃烧、烧结、钢铁和有色金属生产、医疗废物的焚烧占到总工业排放的 25%。所以欧盟成员国大部分法规着眼于城市固体废物焚烧炉排放烟气中二噁英的控制，在废物焚烧中，操作条件的控制和排放标准的制定被首要考虑。

2010 年，欧盟将有关工业源污染排放的 7 个指令整合为《欧盟工业排放指令》，并将其作为欧盟控制工业排放二噁英的法规。

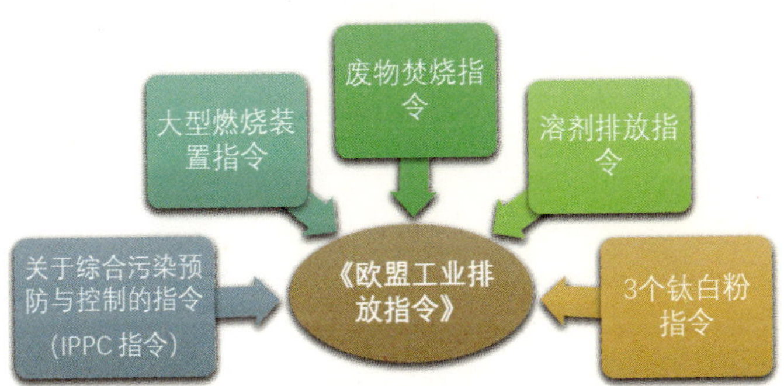

部分成员国或对工业加工中排放的二噁英浓度制定了法律或标准，或提出了二噁英的每日最大允许摄入量，或制定了土壤中二噁英浓度标准。

根据欧洲监测及评估项目结果显示，2010—2014 年欧盟 28 个国家的二噁英大气排放量呈下降趋势，2014 年欧盟大气二噁英排放量为 1 808g TEQ。

接下来，一起领略下世界上这道特殊的靓丽风景
——德国的垃圾处理厂

德国

2011 年，欧洲投入使用的生活垃圾焚烧厂达 454 座，生活垃圾年处理量约为 7 800t。德国是欧洲垃圾焚烧发电应用最为广泛的国家之一，截至 2012 年，德国境内共有 80 家垃圾焚烧发电厂，通过垃圾焚烧每年可产生 60 亿 kW · h 的电力和 14.6 万亿 kcal 的热能。其中，著名的 Ruhleben 垃圾焚烧发电厂于 1967 年便已投入运营，它位于柏林的西北方向。

德国 Ruhleben 垃圾焚烧发电厂

40 年来，Ruhleben 发电厂几经扩建，目前年生活垃圾处理总量约为 53.4 万 t，大概占柏林市生活垃圾总量的 60%。2012 年投入使用的第 5 条焚烧线，总投资约 1.5 亿欧元，是欧盟最大的垃圾焚烧线，日处理垃圾量约 864t，每年可处理 30 万 t 不可回收垃圾。投产后，Ruhleben 垃圾焚烧厂可为柏林市 5% 的人口提供电力供应和集中供热。

Ruhleben 的垃圾处理处置过程都采用了非常先进和高效的烟气净化技术，对产生的废气和废渣进行严格的无害化处置，污染物排放值远低于联邦环境污染法案的第 17 条例规定的限值，包括二噁英和呋喃极限值，且所有排放的废气指标都会对民众开放。

国家立法	生效日	描述
废物焚烧法令（17 BimSchV）	1992 年	限制值：0.1 ng I-TEQ/m^3

垃圾焚烧后产生的炉渣，会用于铺设路基或作为填埋场覆盖层使用等。从炉渣分离出来的金属会进行再回收利用，每年回收的废钢就达 12 000t。据测算，Ruhleben 每焚烧 1t 垃圾，会减少 170kg 二氧化碳的排放。

在距离 Ruhleben 约 1.5km 处有家餐馆，老板毫不介意自己的餐馆距离 Ruhleben 如此之近。他说：“早在 20 世纪 60 年代，它就在那里，没有异味，也不会爆炸，没什么好担心的。”由于靠近焚烧厂，当地的供暖费也比别处便宜一些。

“我们的焚烧厂没有排放任何有害物质，也没有任何噪声，即便是建在市中心，我也不担心。”柏林城市清洁公司工作人员也相当自信，还幽默地说：“我想，市民除了挑剔它‘不好看’以外，也没什么好挑剔的了。”一向以严谨著称的德国人给这座垃圾焚烧厂起了一个极具诗情画意的名字，为“平静的生活”，可见德国人对这座垃圾焚烧厂的信赖。

29 美国将二噁英的管理纳入整个环境管理体系

美国对于二噁英的管理以协同管理为主要手段，其管理体系存在于整个环境管理中，并未在立法上构建独立的管理章节。其二噁英污染防治的基本思路为：建立清单—制定标准—加强检测—强化监管。美国二噁英相关标准类别较多，标准体系较为完善全面。先后多次开展的二噁英污染源清单和环境释放调查不仅为二噁英的健康风险评价提供了基础数据，还为其建立和实施一系列二噁英法规标准提供了关键技术支撑。

建立清单
制定标准
XX标准
加强监测
强化监管
监管

美国二噁英 / 呋喃相关法规

二噁英相关法规		
CAA	第 112(c) (6) 小节，识别了主要二噁英污染源类型；颁布了 MWC (40CFR 60)、HMIWI (62FR 48347) 和 HWC (64FR 52827) 和 MACT 标准	纸浆造纸行业法规 (63FR 18504)：专为造纸行业排放源设定了新的 NESHAPS/MACT 大气标准（见 CAA 112(b))，同时为某些子类工厂设定了出水排放限值和前处理标准（见 CWA 304(b) 和 307)
CWA	CWA 优先控制：制定了优先控制污染物名单 (40CFR 423)；第 304(b) 小节 (40CFR 122) 规定实行 NPDEs 出水排放标准和常规前处理要求 (40CFR 403)。 CWA 生物固体废物法规：提议生物固体中二噁英的毒性当量浓度标准为 300 ppt TEQ (64FR 72045)	
SDWA	NPDWR/MCL：30pg/L(强制执行) 2,3,7,8-TCDD 的 MCL 目标值为 0	
RCRA	RCRA：几种含二噁英废弃物为 F- 列危险废物，必须按照相关的土地填埋法令处理处置 (40CFR 261.31-32)。 某些二噁英和木材防腐废弃物的土地填埋法令 (40CFR 268.30-31，附录 C)。 含二噁英的固体废物普适前处理标准 (40CFR 268.48)	
SARA/ EPCRA, CERCLA	CERCLA 第 103 小节规定 2,3,7,8-TCDD 泄漏量超过 1 磅，必须立即向国家响应中心汇报。 SARA 第 313 小节：1999 年 10 月 29 日，修正案规定在 TRI 报告要求中添加二噁英和二噁英类化合物，报告的阈值为 0.1 g/y(64FR 58666)	
FIFRA, TSCA	FIFRA：禁止销售含 2,4,5- 涕丙酸和 2,4,5-T 商品；严格限值 PCP 的使用，仅允许用于木材防腐 (52FR 2282-2293)。 TSCA 第 4 小节：某些商业有机化学品中二噁英 / 呋喃的测试法规 (52FR 21412-21452)	

注释：

CAA：清洁空气法 (Clean Air Act)

CERCLA：综合环境反应、赔偿与责任法案 (Comprehensive Environmental Response, Compensation, and Liability Act)

CWA：清洁水法（Clean Water Act）

FIFRA：联邦杀虫剂、杀真菌剂和灭鼠剂 (Federal Insecticide, Fungicide, Rodenticide Act)

HAP：危险大气污染物 (Hazardous Air Pollutant)

HWC：危险废物焚烧 (Hazardous Waste Combustors)

MACT：最大可行控制技术 (Maximum Achievable Control Technology)

MCL：最大污染水平（饮用水标准）(Maximum Contaminant Level, Drinking water standard)

MWC：市政垃圾焚烧炉 (Municipal Waste Combustors)

HMIWI：医院 / 医疗 / 感染性废物焚烧炉 (Hospital/Medical/Infections Waste Incinerators)

NESHAPS：危险大气污染物国家排放标准 (National Emissions Standards for Hazardous Air Pollutants Standard)

NPDES：国家污染物排放消除系统 (National Pollutant Discharge Elimination System)

NPDWR：国家基础饮用水标准 (National Primary Drinking Water Regulations)

RCRA：资源保护与回收法 (Resource Conservation and Recovery Act)

SARA/EPCRA：超级基金二次授权法修正案 / 和应急方案和社区知情权法 (Superfund Amendment Reauthorization Act/Emergency Planning and Community Right-to-know Act)

SDWA：安全饮用水法 (Safe Drinking Water Act)

TRI：毒性泄漏调查 (Toxic Release Inventory)

TSCA：毒性物质控制法 (Toxic Substances Control Act)

美国 EPA 于 1987 年、1995 年和 2000 年分别调查二噁英的排放源。他们对二噁英的主要排放源进行了估算，并研究其对美国环境的影响和近几年的变化趋势。在美国很多地方，垃圾焚烧的主要地位已经逐步被一些工业污染源和数量众多、难控制的小型排放源所代替。

根据 2010—2014 年美国有毒物质排放清单国家分析报告显示，2010—2014 年美国工业二噁英总排放量（包括水、气、土）逐年上涨且涨幅较大，由 2010 年的 549g TEQ 增至 2014 年的 1 996g TEQ，增长了 264%。其中，2014 年排放量较 2013 年增加了近 2 倍，其主要原因是由于位于盐湖城的美国镁业公司的大规模增产。

接下来，一起领略下世界上这道特殊的靓丽风景
——美国的垃圾处理厂

美国

美国的生活垃圾焚烧量仅次于日本，截至 2015 年，美国共有 71 家正在运行的垃圾焚烧发电厂，总发电量达 2.3×10^3MW。2015 年，佛罗里达州和东北部四个州的垃圾焚烧发电能力占美国全部垃圾焚烧发电厂发电能力的 61%，发电量占美国总垃圾焚烧发电量的 64%。其中佛罗里达棕榈滩可再生能源设施 2 号成为自 1995 年以来首个并网发电的垃圾焚烧发电设备和美国最大的单一垃圾焚烧发电机。

佛罗里达棕榈海滩垃圾焚烧发电厂

佛罗里达棕榈海滩垃圾焚烧发电厂 1989 年投入运行，每日垃圾处理规模为 1 800t，随着垃圾处理量的不断增大，佛罗里达棕榈海滩垃圾焚烧发电厂进行了改造，并于 2015 年 6 月正式投入运行。改造后总垃圾处理规模达到每日 2 700t，预计每年可焚烧垃圾 100 万 t，并可从焚烧炉渣中回收铁、铝等金属 2.7 万 t。

美国生活垃圾焚烧厂一般采用干法对烟气进行处理，垃圾焚烧烟气排放标准低于欧盟要求，2009 年对垃圾焚烧烟气排放要求是 0.5ng TEQ/m^3。尽管如此，一些垃圾焚烧厂还是建在市区内。例如 1989 年投入运营的明尼苏达州的明尼阿波利斯垃圾焚烧发电厂就建在体育场边。

明尼苏达州的明尼阿波利斯垃圾焚烧发电厂

30 日本颁布了专门针对二噁英的法律

日本早在 1985 年就对二噁英进行了环境状况调查，从 1997 年开始，每年年终都会根据二噁英在大气中的实际浓度和主要排放源的监测数据，计算当地的二噁英排放源的排放和变化趋势。

1999 年正式颁布《二噁英类对策特别措置法》，包括基本规定和准则、排放标准和国家二噁英减排计划等内容。同年颁布《推广二噁英可控制措施的基本指南》，强调了日本全国的减排计划以及未来一段时间的研究重点工作。根据《二噁英类对策特别措置法》，日本于 2012 年修订了《国家事业活动二噁英排放量削减计划》，将二噁英总排放量目标设定为 176g TEQ/a，制定了分类分级的生活垃圾排放标准，对处理能力大于 4 t/h 的新建焚烧炉排放标准设置为 0.1ng TEQ/m^3。

自《二噁英类对策特别措置法》生效以来，日本每年都在环境省官方网站上公布环境二噁英含量调查结果报告、《二噁英类对策特别措置法》施行状况报告和二噁英排放量目录报告。日本十分重视二噁英宣传工作，1999—2012 年共发布了 6 版二噁英宣传手册，介绍了二噁英的基本情况与危害、正在采取的防治措施和公众如何参与等内容。日本环境省官方网站有关于二噁英防治对策的专版，包括二噁英防治的主要措施、技术指南手册、相关法律法规方针和调查结果报告等内容。另外，农林水产省和厚生劳动省官方网站也有关于二噁英的专版。

经过多年的努力，根据 2010 年的监测数据，日本二噁英的排放总量较 1998 年下降了 98%。

2013 年日本环境介质中二噁英的浓度　　单位：pg · TEQ/m^3

介质	大气	底泥	土壤	水质	地下水
浓度	0.002 9~0.20	0.056~640	0~110	0.013~3.2	0.011~110

接下来，一起领略下世界上这道特殊的靓丽风景
——日本的垃圾处理厂

日本

日本生活垃圾处理主要以焚烧的方式进行，其垃圾焚烧厂数量之多居于世界首位，随着环保要求和技术的不断提高，小型的垃圾焚烧厂被关闭的同时，大型垃圾焚烧发电厂一直保持持续增加，至2012年，全日本共拥有1 211座垃圾焚烧发电厂。

那么，这1 200多座圾焚烧厂都建在什么地方？或许答案会让你大吃一惊。在日本，垃圾焚烧厂随处可见，在居民区、公园旁、政府边……东京是世界上最繁华的城市之一，但东京素以干净整洁而闻名，东京的23个区共有21个垃圾焚烧厂，更为惊奇的是，在皇宫周边7km范围内，竟有7座垃圾焚烧发电厂。

丰岛区垃圾焚烧厂位于东京都池袋地区，为了满足环保要求，同时考虑该区域人口密集、高楼较多的实际情况，该厂的烟囱建设高度为210m，是东京垃圾焚烧厂里最高的。该厂已经在这里运行了18年，在地图上，这里显示的并不是垃圾处理厂，而是“丰岛区健康广场”。因为这里不仅有丰岛区的市民健康体检中心，还有一个健身中心以及游泳池。

丰岛区垃圾焚烧厂

日本舞洲垃圾处理厂

而位于在日本大阪湾附近的舞洲垃圾处理厂更是以它梦幻的外观、斑斓的色彩吸引着无数人的目光，人们通常也称呼它为“舞洲工场”。“舞洲工场”是由奥地利著名建筑家白水先生设计的，美轮美奂如一座环球影城，是大阪人最引以豪的环保大手笔，建筑成本高达 600 亿日元。市民和游客可以免费参观，因而也成了大阪一个著名的旅游景点。

日本舞洲垃圾处理厂

“舞洲工场”离市中心只有 10km，24 小时运转，每天可焚烧 900t 普通垃圾和 100 多 t 大型垃圾，发电量达到了 21 990kW。“东日本大地震”的灾害废弃物在这里被集中处置，但是它的烟囱顶部从不冒烟，它燃烧垃圾产生的废气要经过三道过滤程序才会被送到烟囱排放，最大程度地限制了二噁英的产生和排放，所以垃圾厂上空看起来总是洁净通透。

31 中国全面开展二噁英削减控制行动

《关于持久性有机污染物的斯德哥尔摩公约》签署以来，我国采取了一系列富有成效的减排行动，POPs 污染防治和履约工作取得了显著成效，重点地区环境介质中 POPs 含量下降，解决了一批严重威胁群众健康的 POPs 环境问题。环境和生物样品中二噁英浓度水平增长速度减缓，其中，铁矿石烧结、再生有色金属、废物焚烧等重点行业二噁英排放强度降低超过 15%。

（1）相关部委合力共|
管理及履约方面的重大事|

成立了由原国家环境(
的，由外交部、国家发展和
科学技术部、财政部等 1
的国家履行斯德哥尔摩么
组（简称国家履约工作协

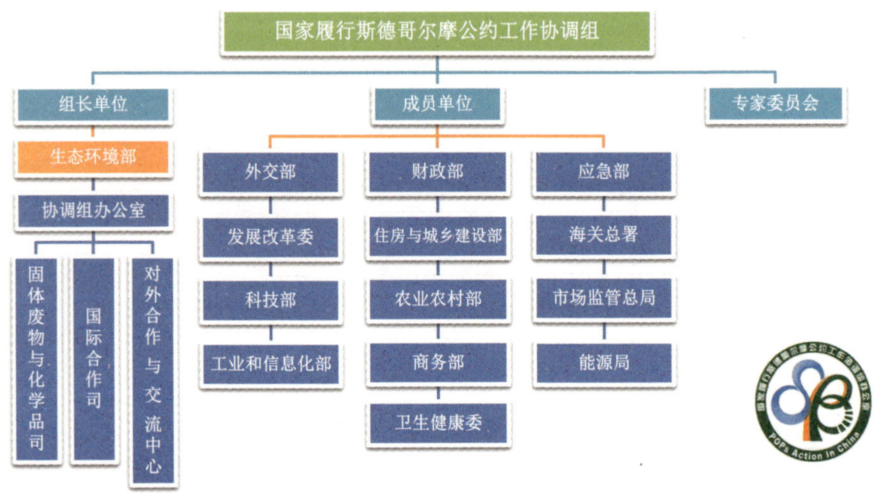

中国履行斯德哥尔摩公约工作协调组组织结构图

同时，原环境保护部成立了由土壤环境管理司、国际合作司和环境保护对外合作中心组成的协调组办公室，作为我国履行公约的联络点，负责组织、协调和管理履约日常活动。

各省、市、自治区政府原环保厅（局）也建立了协调机制，明确了开展 POPs 污染防治工作和履约的责任单位。

（2）将二噁英管控纳入日常环境管理体系。

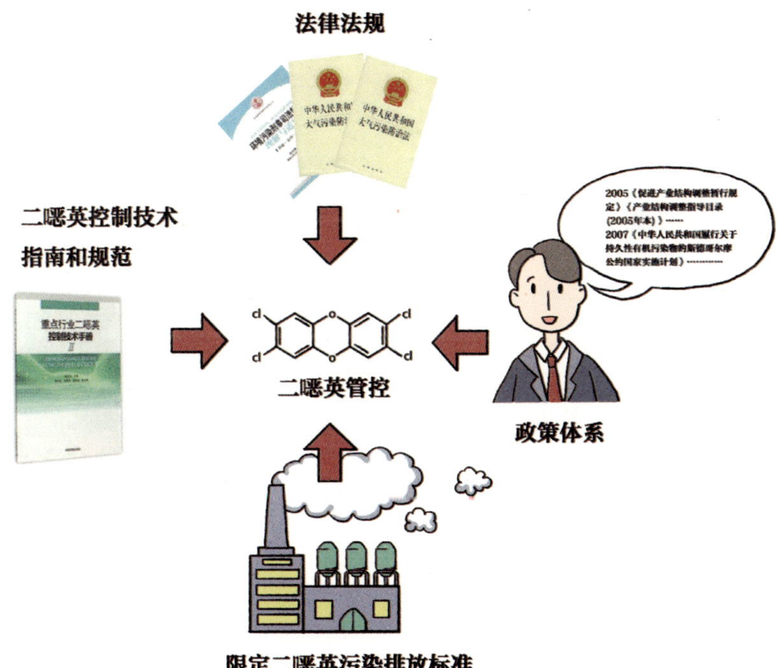

① 法律法规

《大气污染防治法》，明确提出有关企业要采取有利于减少持久性有机污染物排放的技术方法和工艺，配备有效的净化装置，实现达标排放。

《最高人民法院 最高人民检察院关于办理环境污染刑事案件适用法律若干问题的解释》，将二噁英等POPs认定为“有毒物质”。

② 政策体系

2005年国务院发布《促进产业结构调整暂行规定》《产业结构调整指导目录（2005年本）》，将削减和控制二噁英排放的技术开发与应用列为鼓励类产业。

2007年，我国颁布《中华人民共和国履行关于持久性有机污染物的斯德哥尔摩公约国家实施计划》，明确了我国二噁英控制的战略目标和行动计划。

2010年环境保护部、外交部等9部门发布《关于加强二噁英污染防治的指导意见》，为我国二噁英污染防治工作指明了方向，同时指出到2015年，建立比较完善的二噁英污染防治体系和长效监管机制，重点行业二噁英排放强度降低10%，基本控制二噁英排放增长趋势。

2011 年修订《环境影响评价技术导则　总纲》，在生活垃圾焚烧、危险废物处置、医疗废物处置、水泥生产、农药建设等领域将二噁英作为评价指标。

2011 年修订《产业结构调整指导目录》，将小型焚烧炉以及再生铝、再生铜、再生锌所用的反射炉，土烧结矿、热烧结矿，30m^2 以下烧结机等纳入明确淘汰类；将采用无元素氯（ECF）和全无氯（TCF）化学纸浆漂白工艺开发及应用纳入鼓励类，限制无元素氯漂白制浆工艺。同时通过新增或修订针对新源的排放标准，促进新源采用最佳可行技术 / 最佳环境实践（BAT/BEP），以符合环境管理要求。

2013 年环境保护部发布《二噁英污染防治技术政策》，提出了推行源头削减、过程控制、末端治理、鼓励研发的新技术和运行管理等措施。

2015 年环境保护部发布《重点行业二噁英污染防治技术政策》，将铁矿石烧结、电弧炉炼钢、再生有色金属（铜、铝、铅、锌）生产、废物焚烧、制浆造纸、遗体火化和特定有机氯化工产品列为重点行业，并指出到 2020 年，显著降低铁矿石烧结、废物焚烧等重点行业单位产量（处理量）的二噁英排放强度，有效遏制重点行业二噁英排放总量增长的趋势。

③ 二噁英污染排放标准

序号	标准名称	标准号	实施时间	关于二噁英的限值规定
1	危险废物焚烧污染控制标准	GB 18484—2001	2001-01-01	大气污染物中二噁英排放浓度：≤ 0.5ng TEQ/m^3
2	城镇污水处理厂污染物排放标准	GB 18918—2002	2003-07-01	二噁英含量≤ 100ng TEQ/kg 干污泥（污泥农用）
3	水泥工业大气污染物排放标准	GB 4951—2004	2005-01-01	大气污染物中二噁英排放浓度：≤ 0.1ng TEQ/m^3
4	生活垃圾填埋场污染控制标准	GB 16889—2008	2002-08-01	生活垃圾焚烧飞灰和医疗废物焚烧残渣（包括飞灰和底渣）经处理后二噁英浓度≤ 3μg-TEQ/m^3 可进入生活垃圾填埋场填埋
5	制浆造纸工业水污染物排放标准	GB 3544—2008	2008-08-01	二噁英排放限值为 30pg TEQ/L
6	炼钢工业大气污染物排放标准	GB 28664—2012	2012-10-01	大气污染物中二噁英排放浓度：现有企业≤ 1.0ng TEQ/m^3；新建企业≤ 0.5ng TEQ/m^3，特别排放值为≤ 0.5ng TEQ/m^3
7	钢铁烧结、球团工业大气污染物排放标准	GB 28662—2012	2012-10-01	大气污染物中二噁英排放浓度：现有企业≤ 1.0ng TEQ/m^3；新建企业≤ 0.5ng TEQ/m^3，特别排放值为≤ 0.5ng TEQ/m^3
8	生活垃圾焚烧污染控制标准	GB18485—2014	2014-07-01	生活垃圾焚烧炉烟气中二噁英排放浓度≤ 0.1ng TEQ/m^3
9	再生铜、铝、铅、锌工业污染物排放标准	GB 31574—2015	2015-07-01	污泥、一般工业废物专用焚烧炉烟气中二噁英排放浓度≤ 0.1ng TEQ/m^3（＞ 100t/d）；≤ 0.5ng TEQ/m^3（50-100t/d）；≤ 1.0ng TEQ/m^3（＜ 50t/d） 车间或生产设施排气筒废气中二噁英排放浓度≤ 0.5ng TEQ/m^3
10	火葬场大气污染物排放标准	GB 13801—2015	2015-07-01	单位遗体火化大气污染物中（烟囱）二噁英排放浓度≤ 0.5ng TEQ/m^3；遗物祭品焚烧大气污染物排放值（烟囱）为≤ 1ng TEQ/m^3
11	石油化学工业污染物排放标准	GB 31571—2015	2015-07-01	废水中二噁英排放浓度≤ 0.3ng TEQ/L 废气中二噁英排放浓度≤ 0.1ng TEQ/m^3

④ 二噁英控制技术指南和规范

控制技术指南

序号	名称	发布时间
1	城镇污水处理厂污泥处理处置污染防治最佳可行技术指南（试行）（HJ-BAT-002）	2010 年
2	钢铁行业炼钢工艺污染防治最佳可行技术指南（试行）（HJ-BAT-005）	2010 年
3	医疗废物处理处置污染防治最佳可行技术指南（试行）（HJ-BAT-8）	2012 年
4	造纸行业木材制浆工艺污染防治可行技术指南（试行）	2013 年
5	造纸行业非木材制浆工艺污染防治可行技术指南（试行）	2013 年
6	钢铁行业烧结、球团工艺污染防治可行技术指南（试行）	2014 年
7	水泥工业污染防治可行技术指南（试行）	2014 年
8	再生铅冶炼污染防治可行技术指南	2015 年

工程技术规范

序号	名称
1	建设项目竣工环境保护验收技术规范 黑色金属冶炼及压延加工（HJ/T 404—2007）
2	建设项目竣工环境保护验收技术规范 石油炼制（HJ/T 405—2007）
3	建设项目竣工环境保护验收技术规范 乙烯工程（HJ/T 406—2007）
4	危险废物集中焚烧处置工程建设技术规范（HJ/T 176—2005）
5	医疗废物集中焚烧处置工程技术规范（HJ/T 177—2005）
6	废塑料回收与再生利用污染控制技术规范（试行）（HJ/T 364—2007）
7	危险废物（含医疗废物）焚烧处置设施性能测试技术规范（HJ 561—2010）
8	含多氯联苯废物焚烧处置工程技术规范（HJ 2037—2013）
9	污染场地风险评估技术导则（HJ 25.3—2014）
10	环境影响评价技术导则 钢铁建设项目（HJ 708—2014）

二噁英检测标准方法

序号	名称
1	危险废物（含医疗废物）焚烧处置设施二噁英排放监测技术规范（HJ/T 365—2007）
2	固定源废气监测技术规范（HJ/T 397—2007）
3	水质 二噁英类的测定 同位素稀释高分辨气相色谱—高分辨质谱法（HJ 77.1—2008）
4	环境空气和废气 二噁英类的测定 同位素稀释高分辨气相色谱—高分辨质谱法（HJ 77.2—2008）
5	固体废物 二噁英类的测定 同位素稀释高分辨气相色谱—高分辨质谱法（HJ 77.3—2008）
6	土壤和沉积物 二噁英类的测定 同位素稀释高分辨气相色谱—高分辨质谱法（HJ 77.4—2008）
7	土壤、沉积物 二噁英类的测定 同位素稀释/高分辨气相色谱—低分辨质谱法（HJ 650—2013）

开展二噁英系统监测和调查，

分析重点排放源的现状及发展趋势。

原环境保护部发布关于报告基因法的二噁英生物筛查标准，能够大大提高检测效率，降低检测成本。

（3）开展二噁英系统监测和调查，分析重点排放源的现状及发展趋势。

原环境保护部、原卫生部、国家质量监督检验检疫总局等部门和地方政府、大学和科研院所以及企业先后通过不同的投资方式建立了 40 多个二噁英监测分析实验室，并在重点地区优先开展排放量、土地负荷、人群影响等分析；修正和完善重点源的排放因子。原环境保护部发布关于报告基因法的二噁英生物筛查标准，能够大大提高检测效率，降低检测成本。

（4）加大科研投入，开展技术评估和推广。

自签署《公约》以来，原环境保护部从多个角度为 POPs 的污染防治与监督管理提供技术支撑服务，开展生活垃圾处置、有色金属再生、钢铁生产和化工生产重点行业的二噁英减排最佳实用技术和最佳环境实践（BAT/BEP）技术调查和评估，探索二噁英减排技术路线。

在国家科技支撑计划、国家高技术研究发展计划（“863”计划）、国家重点基础研究发展计划（“973”计划）等主要科技计划的大力支持下，我国在 POPs 迁移转化行为、暴露影响评估、监测技术、POPs 替代品和替代技术开发、POPs 废物处理处置、二噁英减排技术等领域开展了一批研究项目。

2011 年，环境保护部环境保护对外合作中心依托清华大学国际技术转移体系、斯德哥尔摩公约区域中心与联合国工业发展组织联合建立了 POPs 履约技术转移促进中心（TTPC），开展技术评估、推广、培训和咨询等服务，推动 POPs 削减控制和替代等关键领域的技术转移，加强技术供需双方的信息交流合作，推动行业绿色升级和改造。

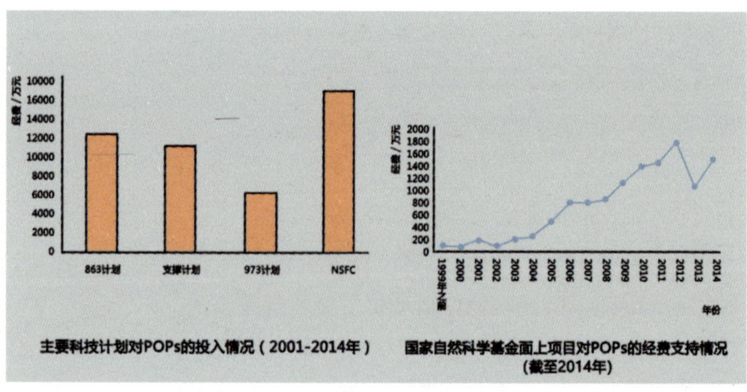

主要科技计划对POPs的投入情况（2001-2014年）

国家自然科学基金面上项目对POPs的经费支持情况（截至2014年）

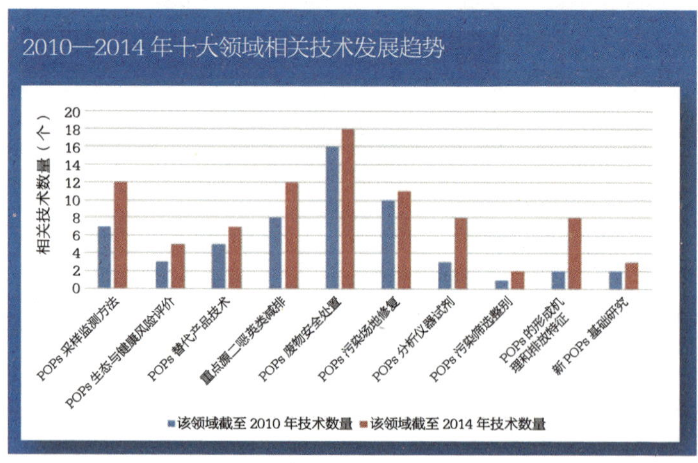

（5）推进 BAT/BEP 技术的应用和推广，促进落后产能的淘汰。

① 全球环境基金（GEF）中国医疗废物可持续环境管理项目

项目根据医疗废物产生、分类、包装、收运、处理和处置等全生命周期管理需求，支持医疗机构开展医疗废物分类及减量示范，开展 BAT/BEP 技术的示范和推广，建立行业推广激励机制，提升管理和技术能力，最大限度地避免和减少医疗废物处置过程中产生的二噁英等无意生产类 POPs 和其他特征污染物的排放。

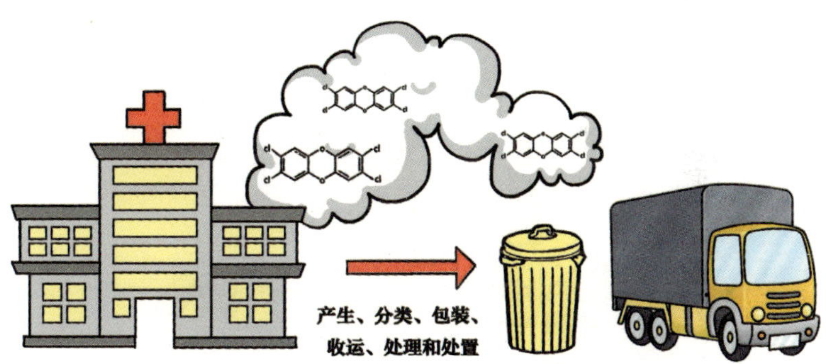

② 全球环境基金中国制浆造纸行业二噁英减排项目

通过开展针对蔗渣浆、草浆、竹浆和苇浆等 4 种典型非木浆制浆造纸企业 BAT/BEP 示范改造，以及编制造纸行业二噁英减排的长期行动计划和开展能力加强活动，推动行业对 BAT/BEP 相关技术的应用和推广。通过项目的实施，将推动造纸行业全行业 BAT/BEP 实施，减少制浆造纸行业二噁英的形成和排放。

③ 全球环境基金中国生活垃圾环境管理项目

针对城市生活垃圾焚烧开展 BAT/BEP 示范，提高城市生活垃圾高标准的管理和无害化处置能力，改善城市生活垃圾管理处置现状，避免和减少二噁英类持久性有机污染物和其他污染物的产生和排放。

全球环境基金中国生活垃圾环境管理项目

④ 再生铜冶炼行业 POPs 减排示范项目

项目将选取典型企业开展 BAT/BEP 示范，通过开展政策标准完善、监管能力提高、园区管理示范、宣传推广等活动，以点带面，推动再生铜行业二噁英、多氯萘、六氯苯等 POPs 与其他常规污染物的协同减排。

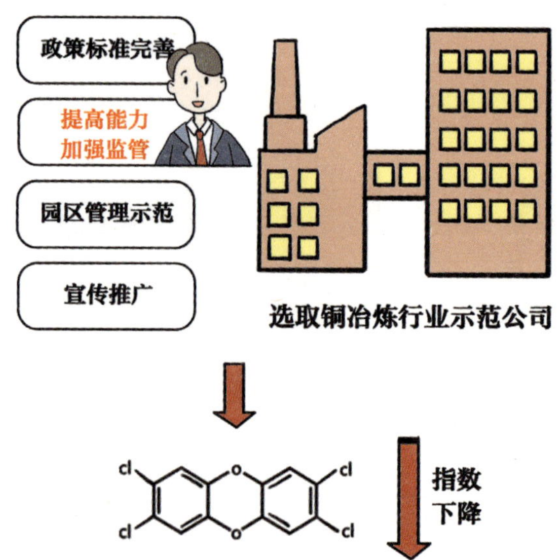

（6）广泛宣传中国履约成效，树立负责任大国形象。

为提高社会各界对于履约意识和对于 POPs 污染防治工作的重视，利用缔约方大会、履约技术国际交流会等国际交流机会，针对不同受众，通过广播、电视、报纸、网站和微信等传媒手段开展了大量履约宣传和专题活动，广泛宣传了 POPs 知识和履约工作取得的进展和成果，提高了社会各界对于 POPs 的认知程度；编制出版了针对政府管理者、大中小学教师和学生的培训教材以及科普读物，在大中小学开展示范课程建设，将 POPs 履约和污染防治内容纳入校园教育体系。

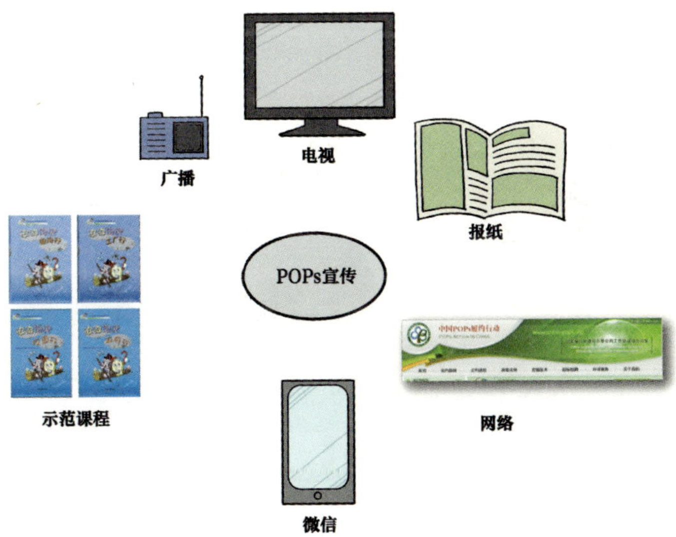

四

技术措施知多少

32 二噁英主要降解技术

二噁英的降解过程既有 C–Cl 键断裂（脱氯过程），也有 C–O 键断裂（开环过程），其处理技术包括光降解、高级氧化法、微生物降解、热降解等。

光降解： 二噁英能够吸收紫外光或从激发态分子接受能量而使分子处于激发态，从而引起光解反应。光化学反应通常为自由基反应历程，还原脱氯是光降解的主要反应过程。在光降解过程中，影响二噁英降解的重要因素包括溶剂效应、反应基质、光的波长和强度、助催化剂等。由于二噁英主要是在紫外光下发生光降解，因而降解反应不彻底，降解产物复杂，不能将二噁英完全脱氯。

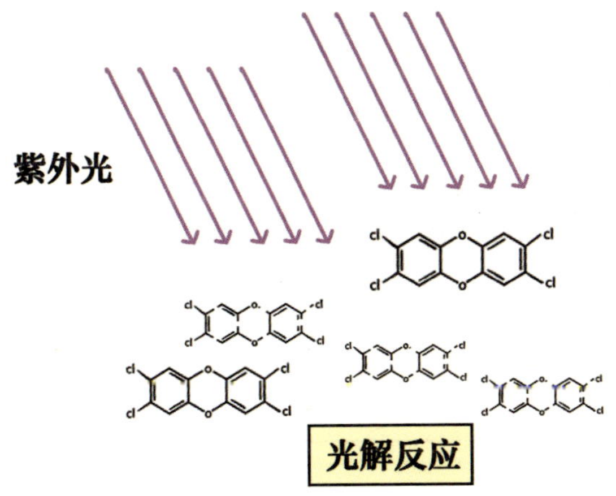

高级氧化法：近年来，高级氧化法（AOP）在处理工业废水方面取得了很大成效，目前这种技术开始应用在含二噁英的废水及土壤处理上。有实验证实，在含二噁英溶液中加入 0.3% H_2O_2 时，二噁英的光解速率提高了 4 倍。

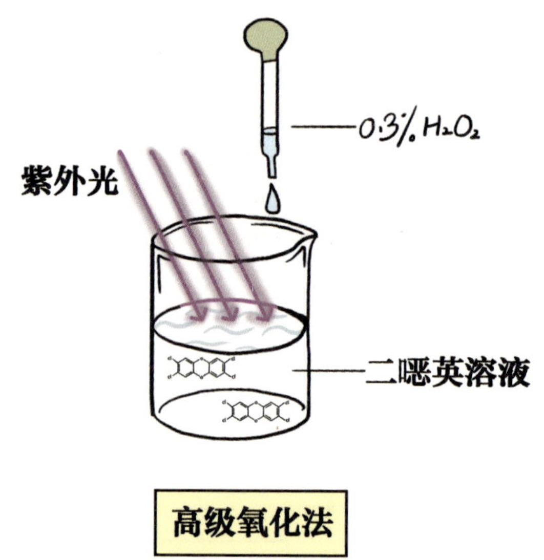

高级氧化法

微生物降解：是指在微生物的作用下，二噁英可以被分解为 CO_2 和 H_2O 从而实现降解，是二噁英稳定化、无害化处理的一种方法，具有成本低、易于现场消毒等优势。根据对氧气要求的不同，可分为需氧微生物降解和厌氧微生物降解。二噁英化合物不同，降解微生物则不同，其降解的机理也就不同，产生的中间产物和最终产物就都不同，主要降解机理包括氧化作用、脱氯作用、开环作用和酶催化作用。

微生物

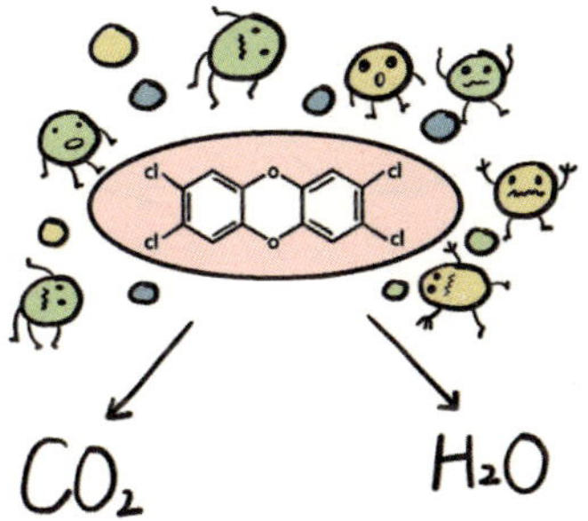

微生物降解

热降解：热降解就是在加热和焚烧的条件下使二噁英分子被彻底毁坏，最终转化为 CO_2、H_2O 和 HCl，从而消除毒性。需要注意的是，温度是影响二噁英降解脱氯的重要因素。

其他降解方法：

①有人曾使用 γ 辐射法降解土壤中的二噁英。在 800kGy 的剂量下，二噁英的降解率可达 99%，这是一种比焚烧更经济的方法。

②将强碱与1,3- 二甲基 -2- 咪唑酮混合，使其与二噁英提取液反应，反应液在 90℃下保持 0.5 h，二噁英的去除率可达 99.99%。

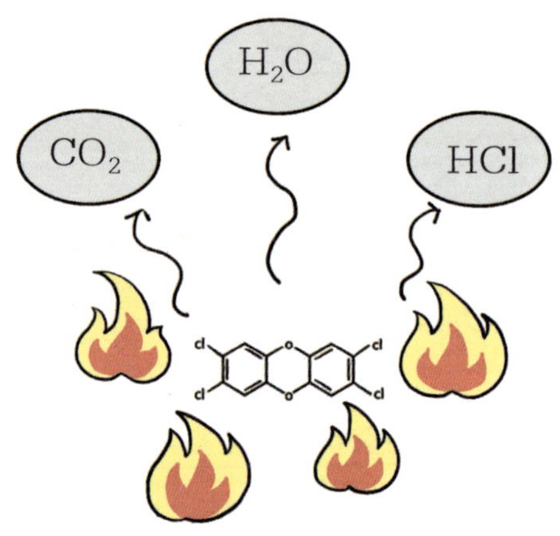

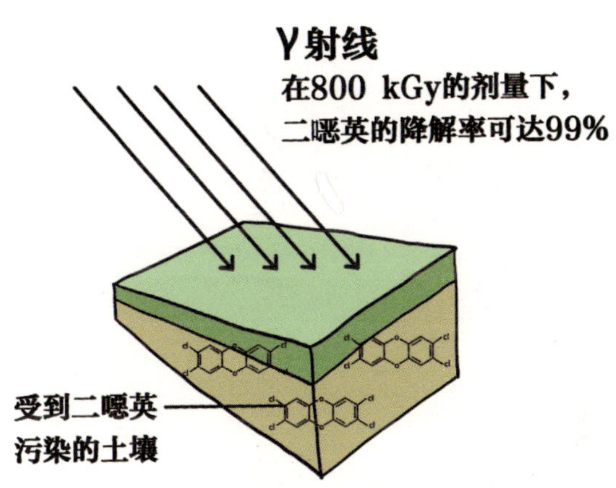
γ射线
在800 kGy的剂量下，
二噁英的降解率可达99%
受到二噁英
污染的土壤

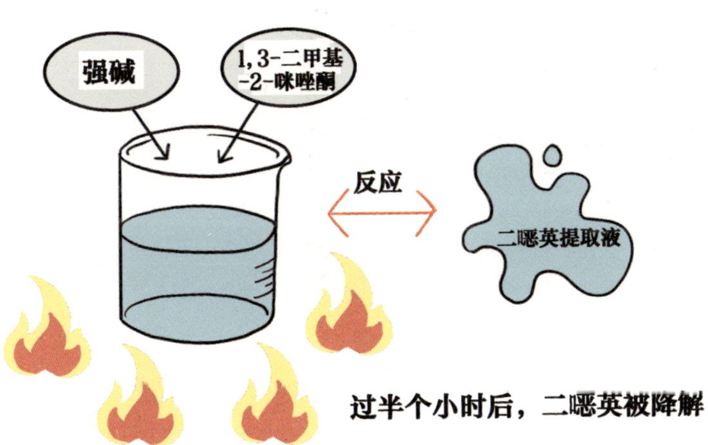
强碱
1,3-二甲基
-2-咪唑酮
反应
二噁英提取液
过半个小时后，二噁英被降解

33 推广最佳可行技术和最佳环境实践（BAT/BEP）是控制二噁英的重要举措

“最佳可行技术”（Best Available Techniques，BAT）是指所开展的活动及其动作方式已达到最有效和最先进的阶段，从而表明该特定技术原则上具有切实适宜性，为从总体上减少公约附件C 第一部分所列化学品的排放及其对整个环境影响的限制排放奠定基础。这里的“技术”包括所采用的技术以及所涉装置的设计、建造、维护、运行和淘汰的方式;“可行”技术是指应用者能够获得的、在一定规模上开发出来的并基于其成本和效益的考虑、在可靠的经济和技术条件下可在相关工业部门中采用的技术；而“最佳”是指对整个环境实行高水平全面保护的最有效性。

“最佳环境实践”（Best Environment Practices，BEP）是指环境控制措施和战略的最适当组合方式的应用。

（1）铁矿石烧结和电弧炉炼钢

铁矿石烧结宜采用大型烧结机。鼓励采用小球烧结、厚料层烧结、热风烧结和低温烧结等工艺技术，减少设备漏风率。鼓励采用烧结热烟气循环技术，减少烟气和二噁英排放量。铁矿石烧结工艺应选用氯、铜等杂质含量低的高品位铁精矿。宜选用无烟煤和低氯化物含量的添加剂，减少氯化钙熔剂的使用。加入生产原料中的轧钢皮、铁屑等应进行除油预处理。

电弧炉炼钢过程中产生的烟气宜采用“炉内排烟＋大密闭罩＋屋顶罩”方式捕集，并优先采用高效袋式除尘器净化。废钢作为生产原料在入炉前应进行分拣、清洗等预处理，避免含氯的油脂、油漆、涂料、塑料等物质入炉。

设置先进、完善、可靠的自动控制系统和工况参数在线监测系统。企业应建立健全日常运行管理制度并严格执行，确保生产和污染治理设施稳定运行。定期监测二噁英的浓度，并按相关规定公开工况参数及有关二噁英的环境信息，接受社会公众监督。

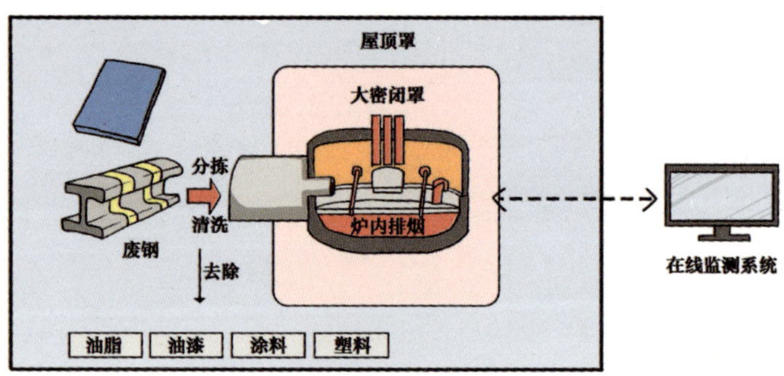

铁矿石烧结和电弧炉炼钢

（2）再生有色金属生产

再生有色金属包括铜、铝、铅、锌等。再生有色金属生产鼓励采用富氧强化熔炼等先进工艺技术。采取机械分选等预处理措施分离原料中的含氯塑料等物质。鼓励利用煤气等清洁燃料。

再生有色金属生产应设置先进、完善、可靠的自动控制系统和工况参数在线监测系统。再生有色金属熔炼过程应采用负压状态或封闭化生产方式，避免无组织排放。

进行尾气处理时，应确保在后续管路和设备中烟气不结露的前提下，尽可能地减少烟气急冷过程的停留时间，减少二噁英的生成。再生有色金属生产过程中产生的烟气宜采用高效袋式除尘技术和活性炭喷射等技术进行处理。铁矿石烧结、电弧炉炼钢、再生有色金属（铜、铅、锌）生产烟气净化设施产生的含二噁英飞灰，鼓励经预处理后返回原系统利用。努力研发自动化、连续化节能环保冶金技术及装置。再生有色金属生产行业研发机械拆解、分类分选和表面洁净化等预处理技术及其装备。

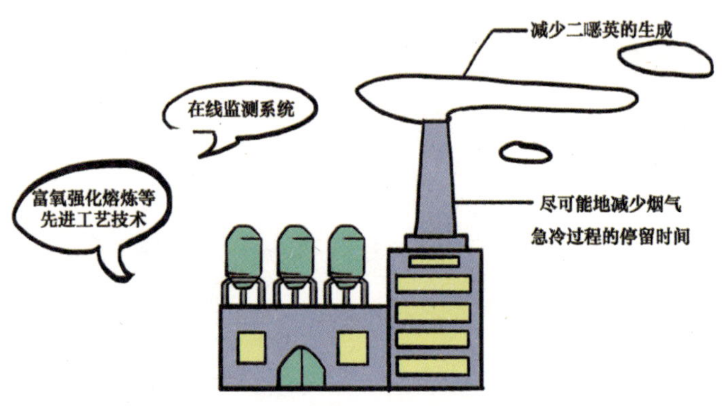

（3）废物焚烧

废物焚烧应采用成熟、先进的焚烧工艺技术。危险废物入炉焚烧前应根据其成分、热值等参数进行合理搭配，保证入炉危险废物的均质性。生活垃圾入炉前应充分混合、排除渗滤液，提高入炉生活垃圾热值。

废物焚烧应保持焚烧系统连续稳定运行，减少因非正常工况运行而生成的二噁英。生活垃圾焚烧和医疗废物焚烧炉烟气出口的温度应不低于 850℃，危险废物焚烧炉二燃室的温度应不低于 1 100℃，烟气停留时间应在 2s 以上，并控制助燃空气的风量和注入位置，保证足够的炉内湍流度。采用快速、低成本、高灵敏度的二噁英检测技术及其装备。

废物焚烧进行烟气热量回收利用时，应采取定期清除换热器表面的灰尘等措施，尽量减少二噁英的再生成。废物焚烧烟气净化设施产生的含二噁英飞灰、特定有机氯化工产品生产过程中产生的含二噁英废弃物应按照国家相关规定进行无害化处置。应对遗体火化和遗物祭品焚烧烟气净化设施捕集的飞灰进行妥善处置。加强二噁英与常规污染物（氮氧化物、二氧化硫、颗粒物、重金属等）的高效协同减排技术、飞灰等含二噁英固体废物无害化处置技术、二次污染控制技术。

（4）殡葬行业

目前，我国大多数火葬场火化遗体所使用的火化机以轻柴油为燃料，采用二次燃烧或三次燃烧方法，即传统的过量空气焚烧技术，大部分火化机没有配备烟气后处理设备。遗体火化应采用再燃式火化机。鼓励采用多级燃烧等充分燃烧技术。鼓励使用天然气、煤气、液化石油气等气体燃料。减少火化随葬品中聚氯乙烯等成分。

火化机应设有再燃室，在遗体入炉前再燃室的温度不低于850℃，烟气的停留时间应在 2s 以上，再燃室出口烟气的氧气含量不低于 8%（干烟气），并控制助燃空气的风量和供风方式，提高烟气湍流度，确保遗体及其随葬品充分燃烧。遗物祭品焚烧应配置带有烟气处理设施的专用焚烧系统，避免无组织排放。

（5）制浆造纸

造纸生产的制浆工艺鼓励采用氧脱木素技术、强化漂前浆洗涤技术。漂白工艺宜采用以二氧化氯为漂白剂的无元素氯漂白技术。鼓励采用过氧化氢、臭氧、过氧硫酸以及生物酶等全无氯漂白技术，减少漂白段二噁英的产生。

采用化学浆无氯漂白新技术，减少含氯漂白剂的用量。减少消泡剂的用量或采用新型消泡剂，目前使用的油基消泡剂在氯化漂白过程中会生成二噁英。因而，减少油基消泡剂的使用量或采用新型消泡剂是减少造纸工业二噁英产生量的重要举措。

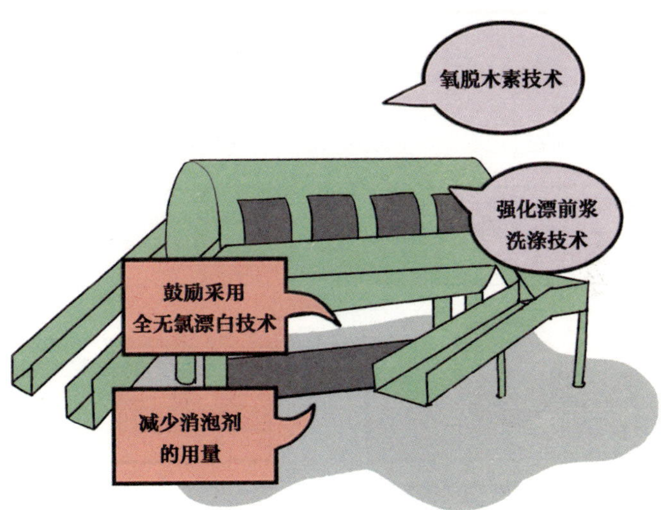

（6）有机氯化工产品生产

在三氯苯酚、氯苯类、乙烯氧氯化法生产聚氯乙烯等化工产品的生产过程中，应优化主体合成反应、蒸馏等工艺条件，以降低含氯精细化工产品中残留的二噁英。

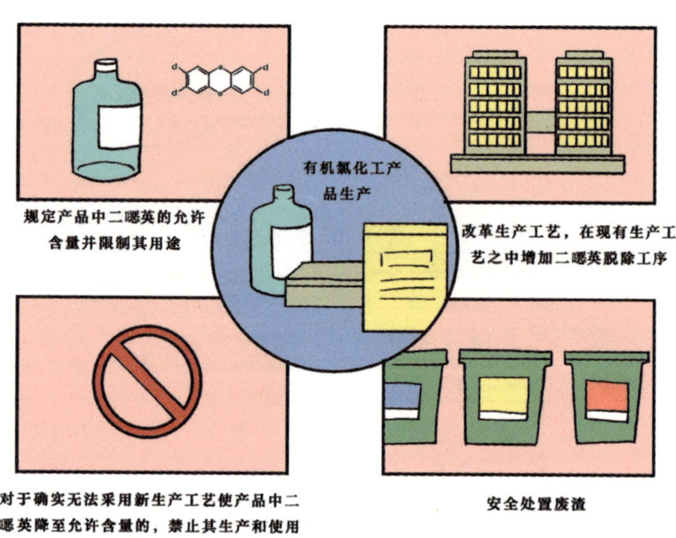

在含氯化学品的生产和使用过程中，二噁英进入环境的途径主要是产品的使用和废渣的排放，其控制措施主要包括：

（1）规定产品中二噁英的允许含量并限制其用途；

（2）改革生产工艺，在现有生产工艺中增加二噁英脱除工序；

（3）对于确实无法采用新生产工艺使产品中二噁英降至允许含量的，禁止其生产和使用；

（4）安全处置废渣。

国务院于 2003 年 12 月 19 日批复了《全国危险废物和医疗废物处置设施建设规则》，决定在全国建设 31 个综合性危险废物处理中心，这也为含氯化学品生产过程所产生的含二噁英废渣安全处理创造了极为有利的条件。

五

保护环境日常行动知多少

34 不要露天焚烧垃圾

秸秆焚烧、露天垃圾焚烧、以木材或煤炭为燃料的取暖 / 烹饪方式等是二噁英产生的主要来源。研究表明，美国的四口之家一天产生的垃圾若采用简易焚烧处理，所产生的二噁英量相当于目前正规垃圾焚烧厂焚烧 200t 垃圾所产生的二噁英量。为此不要私自露天燃烧生活垃圾、落叶、秸秆、废旧五金、废家具等，应运送至垃圾处理场统一处理。

35 注意防止火灾发生

在火灾发生时，例如居民、工厂或森林火灾，由于燃烧物成分复杂，突发无法控制等原因，会向空气中排放大量的有毒气体，为此做好家居、公共场所防火工作非常重要。同时在郊外游玩时也要注意保护环境，严格遵守公园、森林防火提示，避免因个人的不当行为引发火灾。

注意防止火灾的发生

36 不要随意处置电子废物

电子废物的成分非常复杂，如果将电子废物、电线作为一般垃圾丢弃到荒野或者将其放至垃圾堆进行简易填埋、焚烧，很容易产生二噁英等有毒物质。因此，我们可以将淘汰的电子废物送至正规的电子废物处置工厂进行无害化处置，减少由于电子废物处置不当给环境带来的安全隐患。

37 减少使用一次性用品

尽可能地减少产品浪费，避免使用一次性用品如一次性筷子、一次性塑料袋、面巾纸等，尽量使用低污染与可回收再利用的材质物品，如可循环利用的布袋和纸袋。随身携带手帕，卫生又环保。减少废物的产生，做好废物的处理处置，是二噁英减量最有效的方法。

38 重复利用纸箱纸盒

如今人们越来越喜欢网上购物，带来方便快捷的同时也产生了大量的废弃快递盒和包装废物，大部分人都将其直接丢弃，不仅造成资源的巨大浪费，对于快递盒的处理处置也会加重垃圾处理厂的工作量，有可能造成二噁英的生成。拒绝过度包装，尽可能重复使用快递盒，循环利用纸箱纸盒，从源头上减少垃圾的产生，可有效减少二噁英的产生。

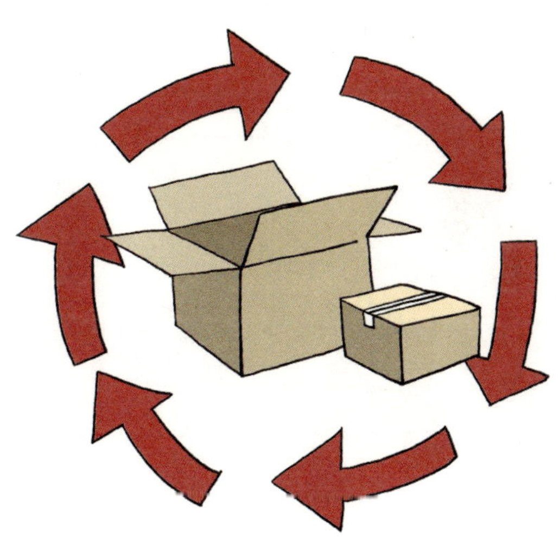

39 提倡垃圾正确分类

垃圾不完全焚烧是产生二噁英的主要途径之一，例如，在垃圾焚烧处置过程中含氯废物如聚氯乙烯等焚烧不完全，可能会导致二噁英产生量升高。所以如果在垃圾处理处置前能够对其进行合理分类，则有助于废物在焚烧过程中按照其成分、热值等参数进行合理搭配，保证入炉废物的均质性，有利于控制二噁英的产生量。因此做好垃圾分类，可有效减少二噁英的产生。

40 提倡绿色出行

搭乘公共交通工具如地铁、公交车等，可以减少交通工具尾气排放的总量，所以建议在短距离的路程中，可采取走路、骑脚踏车等有益人体健康又绿色低碳的方式。同时，停车等待时转成熄火，既可以节省油耗，还可以减少尾气排放。

41 合理使用纸张

纸张生产过程中的制浆漂白工艺是二噁英产生和释放的重要环节，为此日常办公适度降低纸张的白度，尽可能地使用环保型纸张，废弃纸张重复利用，尽量采取双面打印，推崇无纸化办公，减少纸张的使用量，避免造成浪费。

42 均衡健康饮食

由于二噁英的亲脂性，所以动物的脂肪中会相对比较容易富集二噁英类物质，所以通过减少肉食脂肪的摄入和食用低脂乳制品，可以降低对二噁英摄入。此外，平衡的膳食（包括适量的水果、蔬菜和谷物）有助于避免从单一来源过量摄入，食物纤维和叶绿素也有助于二噁英排出体外。

尤其是孕产妇要合理安排孕期和产后的饮食摄入，饮食均衡，建议多摄取青菜、水果、五谷杂粮等食物，以降低胎儿及哺乳婴儿摄入二噁英的潜在风险。

43 正确认识二噁英，参与监督减排

二噁英除了伴随人类的经济活动产生之外，还可能伴随火山喷发、森林火灾等自然现象产生，研究证明，人类工业化活动开始之前，地球上就存在二噁英。所以二噁英在环境中的存在具有普遍性。而且经过对橙剂事件、意大利塞韦索等事件多年的研究结果，没有直接的研究数据证明目前环境中的二噁英对人体具有强烈的致畸致癌作用，为此我们需要科学认识、理性对待二噁英的存在，切莫恐慌。

偷排
环境监管中心
环保热线
12369
偷放

但是，由于二噁英确实是一类有毒化学物质，虽然其环境中含量很少，一旦进入环境会很难降解。随着人类工业化活动的开展，特别是废物焚烧、钢铁冶炼等工业活动，使得环境中二噁英含量一度快速增加。当人们认识到二噁英的增加将会给人类和生态环境造成潜在危害时，全球开始联合采取一些有效减排措施和防范政策，目前全球二噁英排放水平显著下降。而民众参与政策制定、企业落实政策实施、公众监督政府和企业行为也将为二噁英有效减排提供保障。

参考文献

[1] SINKKONEN S, PAASIVIRTA J. Degradation half-life times of PCDDs, PCDFs and PCBs for environmental fate modeling [J]. Chemosphere, 2000, 40(9-11): 943-949.

[2] GOVERS H A J, KROP H B. Partition constants of chlorinated dibenzofurans and dibenzo-p-dioxins [J]. Chemosphere, 1998, 37(9-12): 2139-2152.

[3] SROGI K. Levels and congener distributions of PCDDs, PCDFs and dioxin-like PCBs in environmental and human samples: a review [J]. Environ Chemi Lett, 2008, 6(1): 1-28.

[4] LOHMANN R, JONES K C. Dioxins and furans in air and deposition: A review of levels, behaviour and processes [J]. Science of The Total Environment, 1998, 219(1): 53-81.

[5] MCKAY G. Dioxin characterisation, formation and minimisation during municipal solid waste (MSW) incineration: review [J]. Chemical Engineering Journal, 2002, 86: 343-368.

[6] SROGI K. Levels and congener distributions of PCDDs, PCDFs and dioxin-like PCBs in environmental and human samples: a review [J]. Environmental Chemistry Letters, 2007, 6(1): 1-28.

[7] Ying Han, Wenbin Liu, Wen Zhu, et. al. Sources of polychlorinated dibenzo-p-dioxins and dibenzofurans, and biphenyls in Chinese mitten crabs. Chemosphere, 196 (2018) 522-530.

[8] EVERAERT K, BAEYENS J. The formation and emission of dioxins in large scale thermal processes [J]. Chemosphere, 2002, 46(3): 439-448.

[9] TUPPURAINEN K, HALONEN I, RUOKOJARVI P, TARHANEN J, RUUSKANEN J. Formation of PCDDs and PCDFs in municipal waste incineration and its inhibition mechanisms: a review [J]. Chemosphere, 1998, 36: 1493–1511.

[10] WEBER R, KUCH B. Relevance of BFRs and thermal conditions on the formation pathways of brominated and brominated–chlorinated dibenzodioxins and dibenzofurans [J]. Environment International, 2003, 29(6): 699–710.

[11] O Sorg, M Zennegg, P Schmid, R Fedosyuk, R Valikhnovskyi, O Gaide, V Kniazevych, J-H Saurat. 2,3,7,8-tetrachlorodibenzo-p-dioxin (TCDD) poisoning in Victor Yushchenko: identifi cation and measurement of TCDD Metabolites [J]. Lancet, 2009, 374: 1179-85.

[12] 日本环境省 . 残留性有机污染物 , 2016 年 3 月

[13] WANG L-C, WANG Y-F, HSI H-C, CHANG-CHIEN G-P. Characterizing the Emissions of Polybrominated Diphenyl Ethers (PBDEs) and Polybrominated Dibenzo-p-dioxins and Dibenzofurans (PBDDFs) from Metallurgical Processes [J]. Environmental Science &Technology , 2010, 44: 1240–1246.

[14] EDWIN X C A D P. Formation of PCDD Fs in the sintering process influence of the raw materials [J]. Environmental Science & Technology , 2004, 38 (15): 4222–4226.

[15] ARIES E, ANDERSON D R, FISHER R, FRAY T A T, HEMFREY D. PCDD/F and "Dioxin-like" PCB emissions from iron ore sintering plants in the UK [J]. Chemosphere, 2006, 65(9): 1470–1480.

[16] JUI-CHI C, SHEN Y-H, LI H-W, LIN L-F, WANG L-C, CHANG-CHIEN G-P. Emissions of polychlorinated dibenzo-p-dioxins and dibenzofurans from an electric arc furnace, secondary aluminum smelter, crematory and Joss Paper incinerators [J]. Aerosol and Air Quality Research, 2011, 11: 13-20.

[17] Ba T, ZHENG M, ZHANG B, LIU W, XIAO K, ZHANG L. Estimation and characterization of PCDD/Fs and dioxin-like PCBs from secondary copper and aluminum metallurgies in China [J]. Chemosphere, 2009, 75(9):1173-1178.

[18] YU B-W, JIN G-Z, MOON Y-H, KIM M-K, KYOUNG J-D, CHANG Y-S. Emission of PCDD/Fs and dioxin-like PCBs from metallurgy industries in S. Korea [J]. Chemosphere, 2006, 62(3): 494-501.

[19] HU J, ZHENG M, NIE Z, LIU W, LIU G, ZHANG B, XIAO K. Polychlorinated dibenzo-p-dioxin and dibenzofuran and polychlorinated biphenyl emissions from different smelting stages in secondary copper metallurgy [J]. Chemosphere, 2013, 90(1): 89-94.

[20] 李素梅．钢铁生产过程中 UP-POPs 的排放水平和特征研究 [D]．中国科学院生态环境研究中心，2015.

[21] 李其云，闫和钢，冷鹏．简述二噁英降解方法的研究进展 [J]．中国环境管理干部学院学报，2009, 19(3):70-73.

[22] 蒋可．燃烧排放物中的有毒二噁英及类二噁英多氯联苯 [J]. 化学进展，1995(1).

[23] 刘玉，邱丽娜，弓爱君，等．二噁英降解酶的研究进展 [J]．环境污染与防治，2015, 37(1):76-81.

[24] 骆永明，滕应，李志博，等．长江三角洲地区土壤环境质量与修复研究 Ⅱ．典型污染区农田生态系统中二噁英 / 呋喃 (PCDD/Fs) 的生物积累及其健康风险 [J]. 土壤学报，2006, 43(4):563-570.

[25] 方厚华．二噁英毒理学研究进展 [J]. 中国药理学与毒理学杂志，2003, 14(4):317-317.

[26] 沈海涛，韩见龙，任一平．农产品中二噁英类似物含量及人体摄入量的初步评估 [J]. 环境化学，2007, 26(2):269-270.

[27] 陈彤．城市生活垃圾焚烧过程中二噁英的形成机理及控制技术研究 [D]．浙江大学，2006.

[28] 郭巍青，陈晓运．风险社会的环境异议——以广州市民反对垃圾焚烧厂建设为例 [J]. 公共行政评论，2011, 4(1):95-121.

[29] 李英明，江桂斌，王亚韡，等．电子垃圾拆解地大气中二噁英、多氯联苯、多溴联苯醚的污染水平及相分配规律 [J]. 科学通报，2008, 1(2):165-171.

[30] 余刚，黄俊，张彭义．持久性有机污染物：倍受关注的全球性环境问题 [J]．环境保护，2001(4):37-39.

[31] 邹川 . 典型行业 PCDD/Fs 排放特征及其控制研究 [D]. 华南理工大学 , 2012.

[32] 夏丹 , 高丽荣 , 郑明辉 . 全二维气相色谱分析持久性有机污染物的应用进展 [J]. 色谱 , 2017, 35(1):91-98.

[33] 武亚凤 , 陈建华 , 张国宁 , 等 . 二噁英的污染现状及健康效应 [J]. 环境工程技术学报 , 2016, 6(3):229-238.

[34] 李素梅 , 郑明辉 , 刘国瑞 , 等 . 溴代二噁英类的来源、检测与污染现状 [J]. 环境化学 , 2013, 7(7):1137-1148.

[35] 蔡震霄 , 黄俊 , 张清 , 等 . 日本二噁英减排控制的历程、经验与启示 [J]. 环境污染与防治 , 2006, 28(11):837-840.

[36] 余刚 , 周隆超 , 黄俊 , 等 . 关注 POPs 关注生命安全—持久性有机污染物和《斯德哥尔摩公约》履约 [J]. 环境保护 , 2010(23):12-15.

[37] 王亚韡 , 蔡亚岐 , 江桂斌 . 斯德哥尔摩公约新增持久性有机污染物的一些研究进展 [J]. 中国科学 : 化学 , 2010(2):99-123.

[38] 田亚静 , 裴晓菲 , 孙阳昭 . 日本生活垃圾管理及其对我国的启示 [J]. 环境保护 , 2016, 44(19):69-72.

[39] 刘强 . 垃圾焚烧产业中邻避效应的形成机理与治理政策 [D]. 浙江财经大学 , 2017.

[40] 黄朝雄 . 我国垃圾焚烧厂邻避效应实证研究 [D]. 清华大学 , 2014.

[41] 解然 , 范纹嘉 , 石峰 . 破解邻避效应的国际经验 [J]. 世界环境 , 2016(5):70-73.

[42] 王英 , 金军 , 彭浩 , 等 . 我国普通人群二 (噁) 英类化合物暴露风险评估 [J]. 环境与健康杂志 , 2006, 23(4):372-375.

[43] 王铁宇 , 周云桥 , 李奇锋 , 等 . 我国化学品的风险评价及风险管理 [J]. 环境科学 , 2016(2).

[44] 吴维皑 , 吕伯钦 . 2,3,7,8- 四氯二苯 - 对 - 二噁英的毒理学 [J]. 国外医学 : 卫生学分册 , 1984(3).

[45] 曹巧玲 , 张俊明 , 卜承义 . 二噁英的毒性与生物学检测研究进展 [J]. 总装备部医学学报 , 2007(4):233-235.

[46] 罗阿群 , 刘少光 , 林文松 , 等 . 二噁英生成机理及减排方法研究进展 [J]. 化工进展 , 2016(3):910-916.

[47] 林海鹏 , 于云江 , 李琴 , 等 . 二噁英的毒性及其对人体健康影响的研究进展 [J]. 环境科学与技术 , 2009, 32(9):93-97.

[48] 刘燕群 , 周宜开 , 吕斌 , 等 . 二噁英的毒性与生物学检测研究进展 [J]. 环境与职业医学 , 2004, 21(5):417-421.

[49] 陈君石 . 食品中遗传毒性致癌物的危险性评价 [J]. 中华预防医学杂志 , 2006, 40(5):368-369.

[50] 刘燕群 , 周宜开 , 吕斌 , 等 . 二噁英的毒性与生物学检测研究进展 [J]. 环境与职业医学 , 2004, 21(5):417-421.

[51] 岳瑞生 .《关于就某些持久性有机污染物采取国际行动的斯德哥尔摩公约》及其谈判背景 [J]. 世界环境 , 2001(1):24-28.

[52] 王亚韡 , 蔡亚岐 , 江桂斌 . 斯德哥尔摩公约新增持久性有机污染物的一些研究进展 [J]. 中国科学 : 化学 , 2010(2):99-123

[53] 唐婷 , 安显金 , 肖保华 . 二恶英毒性和中国土壤及沉积物二恶英的研究进展 [J]. 地球与环境 , 2016, 44(5):586-593.

[54] 李海骞 . 中国有色金属冶炼二噁英类 POPs 排放与控制研究 [D]. 中国科学院研究生院 , 2012.

[55] 王军玲 , 刘桐珅 . 重点行业二噁英污染控制技术研究 [C]. 中国环境科学学会学术年会论文集 (第四卷). 2011.

[56] 吕亚辉 , 黄俊 , 余刚 , 等 . 中国二噁英排放清单的国际比较研究 [J]. 环境污染与防治 , 2008, 30(6):71-74.

[57] 卜元卿 , 骆永明 , 滕应 , 等 . 环境中二噁英类化合物的生态和健康风险评估研究进展 [J]. 土壤 , 2007, 39(2):164-172.

[58] 苏珊珊．二噁英环境多介质分布、焚烧释放及减量控制研究 [D]. 华中科技大学，2012.

[59] 肖海平，茹宇，李丽，等．水泥窑协同处置生活垃圾焚烧飞灰过程中二噁英的迁移和降解特性 [J]. 环境科学研究，2017, 30(2):291-297.

[60] 张珏．长江三角洲二噁英类物质大气输送、沉降数值模拟研究 [D]. 南京信息工程大学，2011.

[61] 李尧．全国 POPs 分布调查及典型流域表层沉积物 PCDD/Fs、PCBs 污染特征分析 [D]. 东北大学，2011.

[62] 余莉萍．广州大气中二噁英的浓度分布和几种典型二噁英排放源的初步研究 [D]. 中国科学院研究生院（广州地球化学研究所），2007.

[63] 刘静．土壤中类二噁英和阻转类 PCBs 分析方法、来源解析和分布规律研究 [D]. 山东大学，2007.

[64] 陈俊莹．二噁英污染物毒性与结构间定量构效关系的探究 [D]. 郑州大学，2017.

[65] 穆乃花．生活垃圾焚烧厂周围环境介质中二噁英分布规律及健康风险研究 [D]. 兰州交通大学，2014.

[66] 张振全．南方典型生活垃圾焚烧厂周边环境介质中二噁英含量水平及特征研究 [D]. 兰州交通大学，2013.

[67] 郑明辉，杨柳春，张兵，等．二噁英类化合物分析研究进展 [J]. 分析测试学报，2002, 1(4):91-94.

[68] 赵高峰．电子垃圾中多氯联苯的环境转移和潜在的健康风险 [D]. 中国科学院研究生院（水生生物研究所）, 2006.

[69] 陆胜勇．垃圾和煤燃烧过程中二噁英的生成、排放和控制机理研究 [D]. 浙江大学，2004.

[70] 厉巍，李静，杜文旭．二噁英的研究进展 [J]. 环境与发展，2011(7):70-71.

[71] 王爱香，张文旭．国内外二噁英研究进展 [J]. 临沂大学学报，2006, 28(3):75-78.

[72] 张兵．二噁英的研究进展及影响（综述）[J]. 职业与健康，2001, 17(1):46-47.

[73] 田亚静，姜晨，吴广龙，等．再生铜冶炼过程多氯萘与二噁英类排放特征分析与控制技术评估 [J]. 环境科学，2015, 36(12):4682-4689.

[74] 张怀强 . 医疗废物组分特性及其焚烧二噁英控制 [D]. 浙江大学 , 2011.

[75] 杨永滨 , 郑明辉 , 刘征涛 . 二噁英类毒理学研究新进展 [J]. 生态毒理学报 , 2006, 1(2):105-115.

[76] 陈国胜 , 张甬元 . 鲫鱼肝脏中 CYP1A1 的诱导作为沉积物中二噁英的毒理学指标的研究 [J]. 中国环境科学 , 1997(3):264-267.

[77] 方厚华 . 二噁英毒理学研究进展 [J]. 中国药理学与毒理学杂志 , 2003, 14(4):317-317.

[78] 徐团 , 谢群慧 , 郭志灵 , 等 . mircroRNAs 在二噁英毒理作用中的调控机制 [C]// 中国化学会学术年会 . 2014.

[79] 胡芹 . 二噁英皮肤毒理机制及芳香烃受体配体多样性研究 [D]. 中国科学院大学 , 2013.

[80] 聂芳红 , 刘连平 , 陈进军 , 等 . 二噁英类化合物对斑马鱼 CYP1A 毒理作用的研究新进展 [J]. 广东海洋大学学报 , 2007, 27(3):123-128.